大展好書　好書大展

品嘗好書　冠群可期

熱門新知 5

# 圖解數學的神奇

柳 谷 晃／著
李 久 霖／譯

品 冠 文 化 出 版 社

# 再一次向數學挑戰——前言

你會玩象棋嗎?就算不會也不用失望，因為很多人都不會。但是，如果不會數學，那就非常遺憾了。討厭數學，到了三十、四十歲，甚至五十歲還是一樣，為什麼呢?因為在學校時數學分數太差了。

大學的入學考試已經開始逐漸廢除數學，因為沒有數學，考生就會增加。但是，如果大學入學考試沒有數學，就會出現不會計算的經營學或經濟學學生。計算不拿手，就會討厭數學。

然而分數計算的階段不能算是數學，只能算是計算。只要練習，誰都會。社會上，很多人的生活都不必學會分數計算。這些人也許不需要學會數學，但是，如果專攻經營學的學生沒有分數概念，的確是件很可怕的事情。

每項工作需要數學的程度不同。如果處理核子反應爐的人不會微積分，那就相當可怕。然而若是蔬果店的老爹不會微積分，並不可怕。但因此而笑蔬果店的老爹是笨蛋的人，才是真正的笨蛋。這就是正常判斷。

看完本書之後，各位就可以了解社會責任分攤上，絕對需要一些具有優秀數學能力的人。

※　※

回到原先的話題。如果蔬果店的老爹會數學，難道你不覺得他很棒嗎？

如果蔬果店的老爹會象棋，那就更棒了。

對於生活上不會使用數學的人而言，會下象棋和懂得數學是一樣的事情。象棋只能依賴頭腦，絞盡腦汁來下棋，這就是下棋的樂趣，因為非常困難而覺得快樂。

把雞兔同籠的算法當成遊戲試試看。稍微使用一下數學，就能畫出美麗的圖形。

象棋和圍棋是遊戲。有趣就繼續做下去，無聊就停止好了。

然而就讀理科系的人就不同了，如果計算錯誤，則可能會造成人類死亡，所以不能當成樂趣來學數學。

學會了音樂的樂趣，世界就會擴大；喜歡歌舞，世界也能擴大。喜歡迪斯可，跳跳迪斯可也是一種樂趣。把數學當成一種樂趣也不錯，能夠擴大自己的世界，充分享受樂趣。這就是人類所建立的文化。

要不要再嘗試做數學呢？不，應該說要不要看看數學呢？與分數無關，就當成是遊戲來玩好了。也許你會發現以往所沒有看到的數學的另一面。

柳谷　晃

# 目錄

## PART 2 「考試與數學」

PART 3

# 戀愛與數學

## PART 4 戰爭與數學

## PART 5 權力者與數學

# 〔PART 1〕
# 「數學的本質」

★數學真正的力量？

★再進行一次雞兔同籠算法

★獻給有子女的父母

★蘋果和靈機一動

★愛因斯坦不懂得計算，朗島則喜歡計算

## mathematics 1

# 數學真正的力量？

會考試不算是真正具有「數學」力

## ◆計算快的孩子是會做數學的孩子嗎？

請各位想想，朋友中有幾個很會數學的人呢？觀察一下，就知道會做數學的理由了。小學低年級時，計算快的通常會算術，計算快的孩子是懂得算術的孩子。而到了小學高年級時，光會計算而不懂得應用問題，根本沒用。只有懂得**雞兔同籠算法**和**流水算法**構造的孩子，才是會做算術的孩子。

到了學習將未知數當成X寫出方程式的階段，只要機械式的解開應用問題，並且正確了解文章的問題，則即使忽略裡面的構造，也能夠作答。

等到進入圖形問題時，情況就完全不同了。拉一條**輔助線**就能夠解答。自己好幾次能夠無意識當中解開問題，漸漸的就能發現畫一條輔助線的法則。當然，畫輔助線的方式也需要一些法則，有些補習班也會舉出這一類的問題來教導孩子。

據說學珠算有助於學習數學，因此非常流行。不過，只對小學

**輔助線**

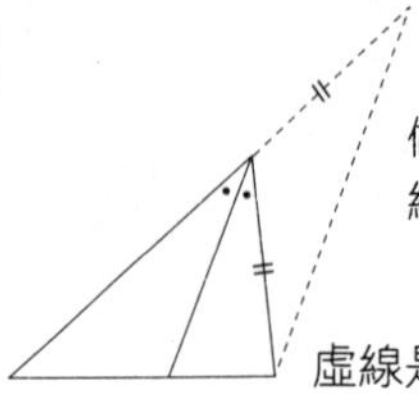
做幾何證明題時，自己畫條線較容易證明
虛線是輔助線

低年級的孩子有所幫助，對於中學以上的孩子，就無法提升其數學能力了。

靠著練習珠算，訓練集中力，刺激腦，藉此活化腦的運作，結果就會用功。珠算對於學習數學是否有幫助？我想答案應該是如虎添翼吧！關於記憶力也是如此。記憶力有助於學習數學，但是光靠記憶力，無法了解真正的數學。

## ◆只要解答教科書的問題就夠了嗎？

數學力到底是什麼？我很難回答這個問題。數學力有很多，光是解答教科書的問題，不能算是懂得數學，而現今的父母完全誤解了這一點。孩子們上補習班，能夠解答學校所出的問題，就認爲這個補習班是很好的補習班。短期內能使**偏差值**上升，因此，認爲是好的補習班。

會數學的孩子進入大學的數學科就讀，但是我經常聽說，這些學生根本就不了解什麼是大學的數學，覺得數學非常無聊。他們的數學力只是解答教科書的能力，並不算是真正懂得數學。

學習高中數學時，就必須要了解這一點才行，而老師也必須教導學生了解這一點。沒有人發現大家已經忽略了數學中最重要的部

**★偏差值**　為了了解學生的成績和所有學生成績的平均值到底差距多少，按照公式計算出來的數值，用在考試指導上。

分，或即使察覺到了，但是，認爲對於解答問題沒有幫助，所以，也就假裝不知道。

## ◆兩種解答雞兔同籠算法的方法

比較一下用方程式解答雞兔同籠算法，以及利用雞兔同籠原本的方式來解答。

寫方程式時，對於所給予的條件直接列出式子，就可以進行機械的回答。但是，如果式子變換後再練習，就無法解答了。

而用雞兔同籠原本的解法來算，那麼，就必須自己改變設定。如果全部都當成雞，可能訊息會有些錯誤，所以，要修正自己所擬定的假設。

我想，原本的解法才是真正的學習。

在現實生活中，幾乎不會用到這種雞兔同籠算法。不過，原本學習雞兔同籠算法的目的，就是要培養出自己解析問題本質的態度。

實際上，學習數學的人，就是以能夠解析這個本質的程度來使用數學的。

當然，雞兔同籠算法並不直接與微積分有關，只是學習數學時的態度問題罷了。將來要使用數學的人，對於問題的解析，應該事

## M 全都是雞嗎？全都是兔嗎？

**總共 10 隻，28 隻腳**

如果全部都是雞…

20×10=20 隻
咦？少了 8 隻腳

如果全部都是兔…

4×10=40 隻
咦？少了 12 隻腳

先做好準備。而沒有就讀理科的人，也懂得遇到障礙時應該抱持何種態度來解決問題。所以，學習這些算法是很好的教材。

了解雞兔同籠算法原本的解法，然後再了解方程式的解法，那就如虎添翼了。了解構造，同時利用速度快的機械解法，就不會有錯了。這就是科學的根本。

## ◆以平常心來看待事物，才能培養真正的數學能力

方程式是小學或中學以機械方式解答的典型方法，到了高中，內容就有點不同了。能夠了解自己的算式到底表示什麼，如果這些構造不能進入自己的腦海中，則換個式子就不會解答了。

想要具有真正的數學力量、科學力量，則不可操之過急，必須了解所學的方式的意義，以平常心來看待到底什麼才是最重要的。光是解答問題的練習，並不能培養數學力。

考試能出的問題有限，出題形態受到限制，而出題者也必須經過努力來決定出題程度。如果光是應付考試，則只要應付所有可能會出的題目就可以。

升學考試的數學和了解自然的數學，內容相同。但若是要解答問題，或在大學要使用真正的數學時，就會遇到瓶頸了。

**方程式**

$2x-1=0$ 等含有未知數的公式。

這個解答是

$2x-1=0 \quad \therefore 2x=1 \quad \therefore x=\frac{1}{2}$

現實的世界並不會設定考試範圍。如果認爲等到出現問題再來學習就夠了，那麼，就算學會了解析自然的方法，恐怕也沒有任何幫助。

學習同樣的事情，則依學習態度的不同，而會出現很大的差距。

光解答問題是不行的。不要太急躁，要以平常心來了解自己所學習的數學的意義。

# 數學的目的，本質在何處？

## 一邊解答問題，同時發現本質

### ◆為什麼在學校要學數學？

中學以前的數學，本質和形式都比較容易，因此，只要使用學習的公式等，就能夠解答問題。

問題的構造，比解答問題所使用的基本事項更爲複雜，因此「**數學的基本事項**」被埋沒在解答問題中，因此，也就無法了解「**數學的事實**」，始終只是解答問題而已。

同樣的情況套在高中數學上，那就不適用了。而且，一定要能體認到絕對不可以這麼做。這就是高中數學的目的。

請再想想，爲什麼要在學校學數學，大致有兩個理由。

第一就是，爲了考進理科系，所以一定要學會數學。

第二就是，把它當成是一種知識的鍛鍊。

兩者似乎與每天的生活都沒有直接關係（自來水、瓦斯、電等生活線，實際上和數學、物理有直接關係）。

因第一個理由而用功的學生，認爲數學對自己根本沒有幫助，

★**數學的基本事項**
像畢氏定理等，教科書中用框框起來的主要事項。

★**數學的事實**
全等或平行等數學研究的對象。

只不過是用來考試而已，所以，考試結束後就和數學說再見了。
因爲這個理由，所以，很多學生進入理科系之後，都無法輕鬆的解答微分。

## ◆「算術與數學」的學習目的不同

爲什麼要做數學？在中學、高中就要好好的認識這一點。小學所學的「算術」，與「數學」不同，和生活有密切的關係。如果不了解，就會造成生活上的困擾，學會了，則生活就比較方便。

中學到高中的數學，並不全都立刻對生活有所幫助。只是當成將來治療疾病，或對工作有所幫助來學習。這麼想，則目的就不是要解答教科書上的問題，而是使用問題了解「數學的事實」，這一點非常重要。

了解「數學的事實」，就能了解教科書、考試、參考書中「基本事項」的意義。

若果只注意到考試，則只會以解答問題爲目的。手段變成了目的，隨時都可能出現停滯的現象。所以，一定要認清，學習數學是爲了將來開發新的技術，同時也是爲了讓自己突破障礙。

因爲第二個理由而學習（到學校，就算不願意學習，也會勉強被迫學習）數學，據說是爲了學會邏輯的思考。這就有點矛盾了，太過於強調邏輯的思考，則會脫離「數學的現實」。

數學並非一直都以邏輯的方式來了解。數學是由幾位天才順利的解答了問題，然後再教給大家，大家應該毫不懷疑的欣然接受才對。但如果教育現場過度強調這一點，那就脫離了「數學的構造」這一面，數學本身就只變成了「解決問題」而已。

## ◆數學不拿手的人，要思考解法的理由

有的讀者能夠立刻解答問題，有的人卻不了解解法，這時，會解答問題的人就會被視爲是天才。其實他只是學會解法而已。而數學不拿手的人，也許會有「靈機一動」的時候。然而就算靈機一動，也不能算是天才。

數學不拿手的人，會思考應該如何解答。而能夠立刻解答的人，了解解答也能欣然接受解法。

另外，還有完全討厭數學的人。他們會懷疑爲什麼要採用這樣的解法呢？無法知道答案，就會很不高興，因此，討厭數學。

對這個問題，通常很難做出回答。也可以說，就是爲了找出這些問題的答案而開始解答問題。在解答問題時，就可以感受到什麼

才是真正的本質。

## ◆與其培養邏輯思考，還不如從喜歡的事情著手

使用邏輯思考力的幾何證明，經常要畫一條輔助線才能夠解答問題。這對於鍛鍊邏輯思考沒有很大的幫助，因此，光是做一些簡單的問題，根本無法滿足求知的好奇心。

那麼，是不是可以音樂或美術等眼光來看數學呢？例如，美麗的圖形是如何畫出來的呢？或是強調數學存在音樂的旋律中，如此一來，也許就會覺得數學比較容易親近了。

不必勉強的認爲要用數學來鍛鍊邏輯思考，總之，請好好和數學相處一下吧！

在音樂的世界，有人喜歡古典音樂，有人喜歡搖滾樂，而在數學方面，有人喜歡幾何，有人喜歡代數。就從喜歡的項目著手吧，只要發現一部分數學的本質，你也許就會產生快樂的事情。如果沒有，那麼就停止好了。

離開工作重新看數學，以這樣的感覺來看待數學，就能夠打開一個與在學校時的數學完全不同的世界。

mathematics

# 3 再進行一次雞兔同籠算法！

如果全部都是雞……這個想法很重要

## ◆向雞兔同籠算法挑戰！

「雞兔同籠算法。」

會不會覺得很懷念呢？此外，還有「流水算」或「植樹算」，有的人不喜歡這些計算方法。即使不知道解法，只要寫出方程式帶入x、y，就能夠找出機械性的答案。數學的確很方便。

典型的雞兔同籠算法的一種就是。

「雞和兔總計十二隻，腳加起來共三十四隻，雞和兔各有幾隻？」

比較左頁的兩個解法。

「解法1」的公式〔$2x+2y=24$〕，這是全部是雞的時候的腳數。下面的公式減掉上面的公式求得y，實際腳的數目34隻減掉全是雞的時候的24隻，兔和雞數目的差距造成了10隻腳的差距，$2y=10$，兩邊都除以2。

看似機械似解答的方程式，在變形的過程中，就可以和方程式

**解法1**

雞 x 隻，兔 y 隻。總計 12 隻，因此 $x+y=12$。

鶴有 2 隻腳，所有的雞總共 2x 隻腳，而兔有 4 隻腳，所有的兔總共有 4y 隻腳。所以全部的腳是

$2x+4y=34$

形成 2 個方程式，只要用以下的聯立方程式就可以解答這個問題。

$x+y=12$

$2x+4y=34$

上面的公式乘以 2 倍。

$2x+2y=24$

$2x+4y=34$

下面的公式減掉上面的公式，得到

$2y=10$

兩邊都除以 2

$y=5$，兔有 5 隻

兔與雞總計 12 隻，因此

$x=12-y \quad x=7$

雞有 7 隻

只要立出式子，然後採用機械式的解法。最初學習時，只要採用這個方法就可以了。

**解法2**

兔和雞總共 12 隻，如果全部都是雞，則腳的數目是

$2\times 12=24$

但是腳總共有 34 隻。

$34-12=10$

這個 10 意味著什麼呢？是雞和兔數目的差距造成了 10 隻腳的差距。

兔和雞差 2 隻，$10\div 2=5$ 隻，所以有 5 隻兔。

那麼雞就是

$12-5=7$

有 7 隻雞

解法的想法對應。

某個理論經由發展整理之後，進行許多機械計算，這就是數學。即使表現出不同的現象，但只要構造相同，就可以同樣的方式處理。在數學的世界，只有具有相同構造，都可以視爲是相同的東西。

那麼，使用數學的人又怎麼想呢？構造很重要，但是，現象的轉變也很重要。能夠表現現象轉變的變形公式，其所產生的理論也很重要。

## ◆什麼方法才能真正了解數學呢？

兩個解法中，真正能夠了解數學的是哪一個解法呢？

光看「解法1」，會出現機械性的答案，但是不了解事實，所以不算真正了解數學。

「解法2」則是了解事實關係的解法。

站在使用數學的立場來考慮，應該經常擁有「解法2」的想法。據說學數學要趁年輕時開始萌芽，才能夠培養數學力。但若不是要成爲數學家，則在了解事實關係方面，年齡愈大應該愈拿手吧！

因此，現在採用「隨便計算一下」的計算方式來算數學，也許會覺得數學很簡單，能夠辦到，就覺得很快樂了。一定要了解到，學校的數學並不是真正的數學。

使用方程式比較簡單，但若要使用真正的數學，則一定要擁有能夠理解事實關係的彈性想法。

mathematics 4

# 年紀大了就不能做數學嗎？

人生經驗愈豐富，愈能夠學習數學，享受數學的快樂

## ◆並非年紀大就不能做數學……

年紀大之後才成爲數學家的人，其實年輕時就已經嶄露頭角了。瑞士的數學家**奧斯特洛夫斯基**，年輕時就非常喜歡數學，但到了八十歲才寫數學論文。年紀大能夠做數學，通常觀念都是年輕時建立的。

盲人數學家**龐特里基**，小時遭遇意外事故而失去視力，母親唸數學書給他聽，他馬上就能了解。

另外，**高斯**去上補習班。當時補習班老師有其他事情要做，所以要學生將一到一〇〇的自然數加起來。老師以爲這樣自己就有三十分鐘的時間可以做其他事。然而，高斯利用以下的計算方式，只花五分鐘就計算出答案了。

老師很驚訝，把高斯介紹給明星學校的老師。

像這種關於天才的故事還有很多。

在中學以前，或多或少就可以「實際感覺」到自己是否適合學

**高斯的計算**

$$\begin{array}{rl} & S = 1 + 2 + 3 + \cdots + 100 \\ +) & S = 100 + 99 + 98 + \cdots + 1 \\ \hline & 2S = 101 + 101 + \cdots\cdots + 101 \\ & 2S = 101 \times 100 \\ & \therefore S = 101 \times 100 \times \frac{1}{2} = 5050 \end{array}$$

習數學。也許有的人會懷疑，怎麼可能這麼早就知道呢？不過事實的確如此。不光是數學，有的孩子會感覺到自己對物理、文學或生物比較拿手。這和在補習班能夠解答理科的問題或數學的問題完全不同。在補習班學會的東西，就像我們利用參考書學會獨腳仙有六隻腳一樣。喜歡獨腳仙而飼養牠，之後獨腳仙死掉了，但是，並沒有因此而停止飼養，而是思考下一次該如何好好飼養獨腳仙才不會失敗，這樣的人才能擁有「實際感覺」。

## ◆對數學感興趣，則對人生的經驗有很大的幫助

發現數學本質的態度，與發現社會本質的態度是相同的。隨著年齡的增長，自然就能夠了解一般性的事物本質。而如果能夠了解數學的事項，則不需要教導子孫，只要在談話之間就能夠讓他們了解。

人隨著年齡的增長，會看到各種事物。這些經驗也許對數學沒有直接的幫助，但是，卻能夠幫助自己以趣味的觀點來看數學。

也許有人會將數學當成像下棋一樣，是一種興趣。若是這樣，則不管從幾歲開始都不遲。

如果能夠成爲一位數學非常拿手的餐飲業博士，那不是很棒嗎？

## mathematics 5 獻給有子女的父母

### 與其給他們錢，不如和他們一起學習

### ◆國中和高中學習數學的態度改變了

父母當然會擔心子女。

進入好的中學、大學，接著進入好的企業，認爲一生可以持續獲得幸福，結果卻被公司裁員——不知道會發生什麼樣的事情。

想獲得好評，不論在任何時代都需要真正的實力。雖然中學考試能夠答對問題，但是，這和今後社會的變化，該怎麼做才能讓自己在公司中生存這種思考力，並沒有直接的關係。

天資聰穎，能夠順利通過考試的孩子當然沒有問題，但是，小學製造出來的（「製造出來的」的意思是忽略實力）分數所造成的能力，會不會妨礙到以後的能力呢？孩子的身邊，經常有補習班老師能夠立刻解答老師出的題目，但是，中學升高中時突然不會數學了，因爲這時數學的姿態改變了。

到了高中才發現自己不適合學數學。在中學以前，覺得定理本身很簡單。例如「**畢氏定理**」，只要使用寫在黑板上的定理，立刻

**★畢氏定理**
「直角三角形斜邊長的2次方，等於其他兩邊長2次方的和」。

就能解答問題。

小學的補習班老師把問題寫在黑板上，問有沒有人會解答這個問題，然後叫沒有舉手的孩子起來作答，在電視上經常出現這種情景。然而到了高中，這種解答問題的方式已經不適用了。認識到自己不會數學，才是了解高中數學的第一步。

## ◆光是解答問題的學習無法被應用

高中數學的定理，本身就很難了解。有的一看到就可以立刻使用，而有的則會出現各種形態，想徹底了解它，也許要花一個月的時間。列在教科書定理以下的問題，目的是爲了了解上面的定理──基本事項。

定理是爲了學習更艱難的事物、實際使用之後能夠達成理想的道理，而並不是用來解決問題的。如果順序搞錯，就會出現完全無法應用數學的大學生。

學會**二次方程式**的公式，能夠立刻解答問題，同時參加考試。但考完試之後，就不會應用數學了。

解答二次方程式，例如**二階線性常微分方程式**，和解析鐘擺的振動是同樣的道理。稍微應用一下，甚至連人類心臟跳動的單純模

**二次方程式的解答公式**

$$ax^2+bx+c=0\ (a\neq 0)$$

$$x=\frac{-b\pm\sqrt{b^2-4ac}}{2a}$$

型，都可以利用同樣的解析得到結論。

## ◆與其讓孩子上補習班，還不如父母和孩子一起學習，更能夠確實提升孩子的能力

和小學數學不同，就像無法兌現的支票一樣。在教科書中所學會的事情，幾乎沒有任何幫助。

但也不是完全沒有用，因爲畢竟已經學過了。不過實際的問題有很多種。被視爲永遠真理的數學，以往可以應付各種問題，但對於新產生的問題，卻無法按照以往的方式來應對。自己所學會的事情沒有幫助，真正了解了這一點，就會去分析爲什麼現在自己所知道的沒有任何幫助，要對哪些部分做什麼樣的改變，如此才能夠應付目前的困難。事實上，整個社會也就是這一連串的過程。

小學低年級時，與其讓孩子去上補習班，還不如採取更好的方法。一週一次，每次一小時，父母和孩子一起學習。讓孩子在自己的面前反覆做教科書的問題，即使是相同的計算也無妨，如此就能確實提升孩子的能力。

與其讓孩子去上補習班，還不如和孩子一起學習，更能夠發揮孩子的能力。

既能夠賺錢，又不會讓孩子變成「笨蛋」。

小學時期，就算會算術也是靠不住的

從孩子就讀小學低年級開始，與其讓他上補習班，還不如父母陪他用功

## mathematics 6 不知道也算是丟人的事情嗎？

### 靠自己的力量打開不知道的事情才是真正的學力

**◆每個人的理解速度有差距**

水壩依規模和地形等的不同，可以事先計算出到完成爲止至少需要花多少時間。然而有趣的是，如果縮短最低必要時間來建造水壩，那麼，就會出現各種毛病。而爲了消除這些毛病，也要花和最低必要時間相同的時間。這似乎和人類的學習非常相似。

每個人理解的時間各有不同。例如二次方程式的解法，有的人只要花十分鐘就了解了，但是，有的人則要花兩個月的時間。如果特別慢，也不要覺得難爲情。就算慢到無法進理科系就讀，也不會影響到將來的生活。因爲每個人本來就有適合與不適合之處，這是決定將來職業的要素。

理解的快慢有其原因，但是，在此暫且不去討論。總之，不可以同樣的方式教導理解速度不同的學生。理解速度或集中力等與後天要素有關，但是，先天因素也有很大的影響。美國曾經進行關於學力、遺傳要素的大規模調查，結果發現先天要素影響很大。

## ◆由自己來解決不知道的事情，擁有這種態度很重要

努力到某種程度，則數學或英文等都可以達到一定的水準，不過也有降低這個水準的因素。

那就是對於不知道的事情產生壓力，形成一種整個社會的氣氛。不知道的事情，身邊隨時都有可詢問的對象，如果視這種想法爲理所當然，則孩子的實力就會降低。因爲現實生活中，身邊不可能一直有詢問的對象。

但是，在補習班就有這種情況。在補習班，不知道的事情可以立刻問老師，對不知道的事情不會有壓力。在這種輕鬆的環境中，即使是優秀的孩子也無法發揮真正的實力。無法戰勝壓力，學會堅強的學力。既然具有成爲一個優秀人類的可能性，那麼，就不能夠摧毀這種可能性。

靠自己的力量解決不知道的事情，才是真正的學力。詢問是最後的手段，養成這種學習態度很重要。真正可恥的是，根本就不了解自己應該負責解決不知道的事情。

mathematics 7

# 蘋果與靈機一動

## 發現「地心引力」的牛頓的靈機一動

### ◆對考生有幫助的學習方法

「他具有數學的靈感。」

經常聽到這樣的說法。你會在什麼時候這麼說呢？自己不知道解法，而對方稍微改變一下公式，或者畫一條輔助線，或使用一些未知數就能夠解答，這時你是不是覺得他能夠靈機一動呢？同樣的事情也會發生在公式的計算上。

$$f(x)-f(a)=f(x) - f(s) + f(s) - f(a)$$

同樣的東西減掉f(s)再加上f(s)，結果是0，則這個公式就是正確的。爲什麼可以做這樣的變形，理由已經證明出來了。此外，經由計算，就可以得到自己所想要的答案。

有這樣的靈機一動，的確能夠有所收穫。對考生而言，是重要的學習方法，一定要記住以下幾點。

首先就是要做一些困難的題目，拼命努力學會解答。一行一行的去想，爲什麼要這樣計算？

首先要解答一些比較困難的題目

↓

記住內容之後自己寫解答

↓

遇到瓶頸時可以看答案，但是要理解整個過程

↓

至少反覆做三次

↓

到最後，不看答案就能夠完成解答

↓

三天後、一週後、三週後、一個月……反覆做同樣的練習

↓

如此就能發現數學的本質、基本事項！

其次，一開始就要自己來解答，寫完之後再看原先解答。如果遇到瓶頸，就先看看原先的解答。不太會的問題，要反覆做三次。

從最初的一行到最後的答案，完全靠自己來作答。

人非常健忘，學期結束後就會忘記這個問題的解答方法。三天後再做同樣的問題，中途可能又會遇到瓶頸。這時就要像第一次解答一樣，先看答案，然後靠自己的力量寫出解答。

一週後，用相同的作法解同樣的問題。

三天後、一週後、三週後，甚至一個月之後，就算是程度再差的人，對於問題解答方式的本質所使用的數字的基本事項的意義，也應該全都會了。

如果還是辦不到，那麼，就放棄數學考試吧！因爲你真的不適合做數學。

## ◆靈機一動＝反覆練習的次數嗎？

這麼做，只是爲了得到分數，並不表示就具有數學的才能，只是讓別人對你說「你很有靈感」的方法。

反覆做同一個題目，等遇到要使用同樣解法的問題時，就會知道要用這個方法。正確的說法應該是，能夠把握住自己所學習的基本事項的適應範圍。學會這個方法，就愈能夠掌握變數的擺法、變形的方式。當你把解答給朋友看的時候，朋友就會說：「你真的有靈機一動的本事耶。」

也就可以形成「靈機一動＝反覆練習的次數」這個方程式。不過，真正的靈機一動並非如此。

### ◆數學不是一百個人的一步，而是一人的一百步

在學校，數學的靈機一動就是這樣子。學做菜時，如果不能學會使用菜刀的方法，則什麼也學不會。使用菜刀的方法，就是學校的數學。

也許有人會問，爲什麼要這麼做呢？這麼做，在社會上就會非常方便，這就是數學最初的原意。

但是，在學校無法教會你如何在社會上非常方便。高中也是如此，所以你會覺得很無聊，不想耐心的去做。並非每個人都能了解數學，但是如果不做，就更無法了解了。數學不是邏輯，雖然使用邏輯，但這只是一種表現方法，並非全都是邏輯。如果只用邏輯，則只要普通的學力，任何人都能學會。

數學有其現實的一面。對這個現實產生某種問題時，就要使用

天才的靈機一動加以解答，所以，出現很多偉大的人物。

在學校，只不過是教導這些人所累積下來的知識。所以，一開始要當成謎來解答。

**牛頓**看到蘋果從樹上掉下來，因而發現地心引力，有些人認為不可能有這麼愚蠢的事情。蘋果掉下來，只是比喻其他的東西也會掉落的意思。

牛頓經常思考支配所有物體運動根底的法則，所以才能看出「**地心引力**」的力量，也就是天才的靈機一動。並不是有任何的「解答」，而是由自己先創造「最初的解答」。

天才所製造出來的「解答」，是在反覆猜謎的情況下完成的，而我們應該要了解這種本質。

並不是一百個人的一步，而是一人的一百步。

**★牛頓**　（一六四二～一七二二年）英國的數學家、物理學家、天文學家。在科學方面締造卓越業績的偉大科學家。其發明、發現和理論，在科學上具有跨時代的進步。數學方面發現了微積分，而物理學方面則發現解決光與色的光學問題，以及運動三法則、地心引力法則。

**★地心引力**　兩個物體之間所具有的重力或引力，與兩個物體的質量積成正比，與物體間距離的二次方成反比。

經常思考運動法則，因此，出現靈機一動。由自己找出最初的解答，這才是真正天才的靈機一動。

# 8 愛因斯坦不會計算，朗島則喜歡計算

mathematics

兩個極端的天才

## ◆大學考試失敗的愛因斯坦

大家都知道愛因斯坦，但是很少人聽過朗島。讀理科的人都認識朗島，他是蘇維埃的天才物理學家。兩個都是天才，我們就以甲乙來比較一下他們對於物理學的貢獻。

不容易從兩個人的業績加以比較。與朗島相比，愛因斯坦比較平易近人，這使得他與一般人較為接近。

愛因斯坦大學考試失敗，學長鼓勵他不要放棄，要他明年再考一次，但還是沒有考取。看到他研究室裡的照片，還有垃圾箱裡堆滿計算錯誤的紙，當然會讓人產生一種親近的感覺。

而朗島則是沒有任何缺點，思考任何事情時，絕對不會有錯誤的計算。他認為學生必須參加座談會考試，想和他一起學習物理，則必須先通過這個考試，否則無法加入座談會。朗島設立這個基準的作法，也許是太過於自大了。

然而，科學稍有錯誤，就會瞬間置人於死地。沒有這種自覺的

★愛因斯坦（一八七九～一九五五年）出生於德國的理論物理學家。陸續發表了相對論和光量子假設等革命性的理論，被喻為二十世紀偉大的科學家。著書包括『特殊及一般相對論』（一九一六年）、『宇宙的建設者』（一九三二年）等。

人，根本沒有學習理科學問的資格。

## ◆朗島可怕的集中力

關於朗島，有以下的傳聞。

孩提時代，經常到公園用棒子在地面計算。計算的痕跡像螞蟻的足跡似的留在地面，只要跟著這些計算走，就可以找到朗島。朋友們都欺負他，不和他一起玩。

朗島第一次和他的太太見面時，就一直跟著她走，直到知道她住在哪裡。後來朋友告訴他，跟在別人後面是非常不禮貌的行爲，但是，他卻脫離社會的常識，這也可說是他獨特的一面。兩人之間約定見面，結果前來接女朋友的朗島全身都濕透了，女友問他爲什麼會濕透，他看了看四周，才驚訝的說原來下雨了，這時他才察覺到剛剛下過雨。

當他在思考時，一切的感覺都集中在自己思考的事物上，根本沒有想到下雨的問題。這種集中力，也可以說是天才的特徵。

愛因斯坦和朗島是我所見到的兩個極端的天才。

愛因斯坦讓人容易親近的原因之一，就是他的**相對論**。因爲出了各種解說書，所以對他比較耳熟。

★**朗島**（一九〇八～六八年）前蘇聯的理論物理學家。說明液態氦在絕對零度附近的超流動數學理論，一九六二年得到諾貝爾物理學獎。

而朗島的名字，若不是在大學專攻物理的人，則可能就沒聽過了。但是他的研究，在**超傳導**的理論上帶來了本質的進步，同時還研究關於液晶的可能性。

我們平常所使用的東西，有很多都是天才的發明。

**★超傳導**

對於電流的流動阻力為零的現象。超傳導狀態的物體接收到磁場時會造成反彈。

# 〔PART2〕

# 「考試與數學」

★為了考試而用功，沒用嗎？

★教科書中的「數學」

★數學答案真的只有一個嗎？

★引出半徑的「競爭」原理

★文化中心的數學

# mathematics 1 為什麼考試用功索然無味？

## 無法接觸到數學的本質，不了解真正的重要性

### ◆為了考試而用功，沒用嗎？

「爲了考試而用功，沒用。」

這是真的嗎？

是否因爲採用了沒有幫助的用功方式，所以沒用呢？爲什麼要上大學呢？如果是爲了將來的生活安定，那麼，上大學本身就沒有任何的幫助了。難道上大學不是希望自己的興趣能對社會有所貢獻嗎？

明白學習的目的，了解用功的意義，才能使目的、意識萌芽。沒有目的、意識，就無法真正的了解。

用功的學生並不是以數學爲專門科目來學習，所以，學習數學本身並不是目的，只是單純的考試手段。

拼命的記住，而沒有接觸到數學本質的「解題法」，無法看清未來，對於某些人，甚至無法對數學考試有所幫助。

## ◆與其學會解題法，還不如先接觸數學的本質！

數學考試最大的問題，就在於「解題法」的形態。

當然，數學理論中最重要的就是形態化，所以，不能說區分形態是不對的。

『在有限的時間內，將解決問題的解法形態化。』

不清楚數學的本質只教導解題法，造成很多錯誤。雖然現在高中數學並無這樣的情況，但是在以前，像微分方程式也含蓋在大學考試裡。

結果，考生們只學會了**分離變數法**這種「解題法」，甚至連線性的微分方程式，都想用**分離變數**來解答。專家絕對不會做這種事情。

然而考生卻若無其事的這麼做。

因爲對於只學會「解題法」的他們而言，最終的目的就是在考試中獲勝。

接觸本質的解題法，解題時要花較長的時間，但是，也因爲這樣而能接觸到本質，有助於學習數學。

即使是迂迴繞遠路、困難重重，但若能從數學的本質學習起，那麼，就算將來不打算專攻數學，也會覺得數學很有趣。

## mathematics 2 數學答案真的只有一個嗎？

任何邏輯性的組合，一定會出現反駁理論

### ◆自然數是從0開始還是從1開始

教科書中所說**自然數**，是指1、2、3、4、5……。

有的人會將教科書中的自然數定義爲0、1、2、3、4、5……。所以數學家也有各種不同的看法。教科書中的數學教法是教育部所規定，並不具有絕對的普遍性。

自然數是從1還是0開始，都無所謂。既然這樣，那麼從負1開始也無妨囉！

不過，沒有人會把負數納入自然數中。

數學是用來表示「現實」，雖然這個「現實」對於不做數學的人而言像是一種抽象的表現，不過卻受到現實的支配。

從1開始和從0開始，到底有何不同呢？

1是乘任何數都不會產生變化的數。

$1\times a=a\times 1=a$

這個數學的要素，稱爲**單位元素**。

而0則是做加法計算時所使用的單位元素。

$$0+a = a+0 = a$$

任何數加上0都不會改變。

從1開始思考自然數的人，即使加法的單位元素中沒有0也無妨。然而從0開始思考的人，則希望0是加法的單位元素。

想研究自然數或想學習如何使用自然數，會使得自然數改變，因此，數學的定義也有可能會改變。

## ◆看似正確的答案，也一定會出現反駁的理論

數學答案並非只有一個。非常辛苦做出來的**數學歸納法**，很多人對這種歸納法感到困擾。

其實，數學歸納法是在自然數定義的第五項中。

數學歸納法這種證明方法，所用的數字是自然數。不管數學的歸納法有沒有成立，總之，能夠使用數學歸納法的世界，就是自然數的世界。

那麼，不使用數學歸納法的自然數，又是什麼樣的世界呢？我們來思考一下吧！

事實上，有些數學家的確有這樣的想法。數學歸納法不納入定

**★數學歸納法**

使用n=k時，表示n=k+1的證明法。就像是骨牌效應一樣，推倒第一個骨牌，骨牌就會陸續倒下，能夠證明所有的自然數。

義中來思考自然數，看似一種很無聊的作法，然而對於看清自然數的本質而言，卻是非常重要的態度。

有的人認爲，很多自然數會在中途分歧。繼1、2之後應該是3，但是有的人卻認爲3有兩種。不要以爲這種人是瘋子。

很多人認爲數學只要加以證明，累積出來的知識就是正確的，是無庸置疑的。但事實上完全相反，仍有很多反駁理論出現。

## ◆日本明治政府所建立的數學教育方針是錯誤的？

二十世紀初期，最初思考數學集合論想法的，是德國的**康托爾**。現在，提到數學就不能缺少集合論，不過康托爾的集合論，在當初那個時代，受到德國數學界領導者**克羅內克**徹底的批判。這成爲康托爾精神異常。後來病死在醫院的原因之一。

一百年後的現在，康托爾的集合論成爲數學的中心，而克羅內克只在公式的表記法上留名。

日本在明治維新之後推行數學教育時，比較英國和德國的教育界，採用以德國克羅內克爲主的嚴密主義。如果採用英國式的，也許就能形成不同的學校教育。但是，當時的日本必須超越列強，也許正好適用這個比較有效率的方法。

大家都知道，日本人有使得完成的東西變得更好用的才能，但是對於最初的技術開發卻不拿手。因此，基礎理論由他人來建立，日本人再巧妙的加以使用。

明治政府不重視發現，認爲已經完美無瑕的德國式作風，更適合日本人發揮才能，擁有這種想法也是無可厚非。

不過，畢竟現在還是要支付以往教育制度的帳單。

美國認爲日本人很狡猾，其根據就在於此。

mathematics 3

# 以前和現在的學生，何者比較容易教？

## 父母教導的時代和補習班教導的時代

### ◆以前的老師討厭由父母教孩子算術……

以前的小學老師經常對學生家長說，請不要在家裡教孩子做算術。

到了中學，家裡能夠教數學的人已經很少了。現在都不在家裡教導，而是在補習班學習，所以，這些話已經沒有意義了。也很少聽到老師們說這些話了。

和以往比較，目前的時代似乎比較好。

不願意家長教孩子的最大理由就是，學校和家裡的教導方法不同。孩子習慣了在家裡的學習方法，老師上課時，就要重新加以改正，相當費事。

例如，2位數的加法計算，要進個位時該怎麼做呢？會在十位數的地方寫個小小的1，還是用左手的手指比出來，或是只用頭腦記住呢？

這些都必須按照老師的吩咐去做。爺爺說必須用手指計算才不會忘記，但是，這麼做時，老師卻說不可以。

習慣計算之後，很自然的，就不會再用手指了。即使有些孩子還是用手計算，也不用管他，慢慢的，就不會用手指計算了。這樣的學生很多，老師也無法一一加以應付。

用不用手指計算，無關於數學的個性。在這個階段討論適合個性的教育，根本就毫無意義。教導孩子學會計算能力，才是比較好的作法。

## ◆在補習班學數學的弊端

高中數學最初學習一般的方法，然後只針對特殊的問題學習可以使用的方法，這個順序非常重要。因此，一開始就必須採用這個方法才行。但是，小學的算術就不必在意這些作法了。

因爲不論在家中學習還是在學校學習，只要可以用來計算就夠了。

另一方面，不會九九乘法計算的高中生很多。九九乘法是過社會生活最低限度的能力之一，也算是一種教養。以前的父母，不知不覺中就會教導孩子學習計算的教養。

通常這是父母應有的態度，但是漸漸的，這種學習已經不再是

教養的一部分，而全都交由學校和補習班去做。

在老師請家長不要教孩子算術的時代，還無所謂。現在在補習班學習算術的孩子們，反而認為學校的方法不對，因此，不願意認真聽課。

在補習班學習的孩子不聽課，沒上補習班的孩子也不專心，即使學校的老師努力教導孩子九九乘法，也還是無法教會學生。

以前，不論是在家庭還是學校，都能夠學會算術，而現在卻不管在哪兒，都沒辦法學會。

教育部肯定補習班的社會意義，我也贊成這一點。

但是，補習班的確是一種營利事業。

把解答問題當成最大的目的，只訓練快速解答問題的方法，不見得能夠培養出真正能夠工作的人。只要看現實情況，即可一目了然。

算術是家庭教育的一部分，這樣才能到蔬果店去購物，也才是一切的開始。

## M 九九乘法是家庭教育的一環嗎？

**算術是家庭教育的一部分，是一切的開始。**

mathematics

# 4 教科書中的「數學」

教科書中所寫的不見得是絕對的

## ◆在教科書上學會的一切，不見得都是「數學的常識」

「教科書中的常識」與「數學的常識」有很多不合之處。舉個例子。

教科書經常使用的**判別式的D**，是determinant的開頭字母。然而數學並不是D判別式。

教科書中的**自然數**是1、2、3……，而有一半的數學家將0也納入自然數中。數學書（並非教科書）中，也有一半將0納入自然數中。

從事電氣相關工作的人，會將**虛數單位**的i當成電流記號，因此會使用j這個虛數單位。

依國家的不同，也有不同的情況。使用的文字不同，數學的記號表現也不同，這並不奇怪。

在日本的教科書中，**自然對數**是log，而美國則是寫成ln，三**角函數的正切**tan，在蘇維埃的書本中則是tn。

**判別式**

2次方程式 $ax^2+bx+c=0$
應該如何解答呢？
$D=b^2-4ac$
可以做這樣的判斷。D>0，則有 2 個不同的實數解。

## ◆只按照教科書去做，會使進步停滯

即使是像數學這種經過嚴密的邏輯、思考而形成的學問，範圍不同或處理的東西不同，即使使用同樣的字眼，意義也有不同。因此做數學時，必須仔細看清楚前後的文章，了解這句話的意思，仔細判斷才行。

當然，重要的字眼會有一些定義。但由於各方都認爲這是理所當然的事情，所以作者有時會省略不提。

站在教科書的立場解決問題很重要，但是，如果把教科書的字眼當成是絕對的，認爲「只要解決問題的數學」是爲了考試而學習的，則進步就會停滯。

因爲，這並不是真正的數學。

**★虛數單位**

2次方之後，成為−1的數。$i = -1$

# mathematics 5 上課時可以了解到的「謊言」

上課時感覺到自信，到底是謊言還是真實的？

◆補習班教數學的方式！

補習班有很會上課的老師，學生大都了解之後就回家了。

但是，回家後想要自己解答問題，卻無法解答——。

所以，補習班的老師並不是會上課，而是很會說話，讓學生覺得自己好像已經懂了。當然，這一點並不是壞事。要讓不會的孩子停止用功很簡單，但是，補習班是做生意的地方，爲了能夠繼續上下一堂課，就算是說謊，也要讓學生覺得自己已經了解了，這種成就感能夠讓孩子建立自信。問題在於學生的「成就感與自信」是真的嗎？

例如「**極限**」。從**阿基米德**到**牛頓**、**萊布尼茲**，人類花了二千年才完成的概念。即使很會聽課，但不可能只花三十分鐘的時間就完全了解。在課堂上，只是機械式的教導大家如何解答問題，然後練習相同的問題就結束了。

回家後，自己要開始解答問題，卻完全解答不出來。

**極限**

接近無限的表現

$$\lim_{n\to\infty}\frac{1}{n}=0$$

$\frac{1}{n}$ 的 $n$ 是無限大，接近 0。

這是理所當然的。就像看書了解了操縱飛機的方法，但也不可能立刻會開飛機。數學也是一樣，光是解答問題是不夠的。以飛機來說，甚至還要了解飛機飛行的構造，才能夠實際的操作飛機。

## ◆怎麼可能輕易的理解天才所建立的理論呢！

為了考試而用功，當然就無法了解實際的概念。入學考試盡量簡化問題，不斷的增加只要能夠解答的問題，完全不了解數學基本事項的意義。結果，儘管基本事項很重要，但是，卻只當成解決問題的形態之一。學習理科的人實際使用數學時，就像是搭乘飛機要了解飛行的原理一樣，一定要了解自己所使用的基本事項在數學當中所具有的意義。

認真的聽課，覺得自己已經了解了，或是能夠提出問題，但是這並沒有任何意義。必須自己實際動手去計算，跟隨說實話的老師學習，而不是討你歡心的老師。

考試時不明白，但解答同樣的問題好幾次，透過問題可以了解方程式的意義。雖然無法立刻了解，但是要忍受無法了解的壓力。

堪稱天才的人，花了很長的時間所建立起來的知識，怎麼可能一個月就完全了解呢？上課時只是盡量簡化，使學生不需要學習也能夠了解。

**★阿基米德**
（BC二八七～二一二年）古希臘的天才數學家、物理學家。在平面以及立體幾何學、算術、力學方面，留下顯著的功績。在第二次波耶尼戰爭，希拉克沙被攻陷時，阿基米德因為在沙上寫數學解法而被羅馬兵殺害。

**★萊布尼茲**
（一六四六～一七一六年）德國哲學家、數學家。是通曉各種學問的知識分子，他的業績不光是數學、哲學，甚至還包括神學、法學、外交、政治學、歷史學、文獻學、物理學等。數學方面，在一六七五年發現了微積分的基本原理。

# mathematics 6 什麼會降低學生的實力？

為什麼要學數學？為什麼需要數學？

## ◆如果沒有喜歡數學這個最簡單的理由，就不能持續學習

數學的力量，很多人都會認爲是「解答問題」。現在，父母的學歷甚至凌駕於學校的老師之上。有這個學歷，很多人認爲數學應該只是解答考試的問題，不過，這只是似懂非懂的理論。

在大學所學習的課業，不光是數學，甚至是物理、化學、生物，都是以了解自然的姿態爲主要目的，藉此使得生活更方便，同時減少公害。

我喜歡數學，選擇數學爲職業，我的朋友也是如此。並非因爲是考試的科目而選擇數學。

很多學生都欠缺這個喜歡的理由。如果沒有喜歡數學、想做數學這個最簡單的理由，那麼，就無法持續用功。

只是因爲數學是考試科目而不得不學習數學，則的確只要解決問題就好了。但是這樣一來，得到高分反而更加遠離「了解自然的

姿態」。

## ◆將數學分解為能夠靠自己解決的形態的力量，才是「科學的實力」

我們必須自己解決問題，神不可能給予我們所有的指示。如何才能安全的完全消滅癌細胞？什麼是治療愛滋病最有效的方法？在印度，如何有效的種植農作物，解救飢餓的人類？

所有解決問題的端倪，都在於必須對於「自然」具有很深的造詣。如何設定問題？如何將其分解爲自己能夠解決的形態？科學的實力就是從這兒產生的。

數學對於解答問題（計算）非常重要，但是爲什麼要這麼做，動機則更重要。如果沒有目的的學習數學，就無法培養想要深入了解的態度。

孩子時代看到美麗的彩虹，會連想爲什麼會形成這麼美麗的東西，基於這樣的經驗學習物理或數學，和當成只是單純的考試科目來學習，具有很大的差別。

# mathematics 7 引出半徑的「競爭」原理

今後將是藉由競爭引出能力的時代

## ◆「眾人皆平等」的世界無法產生突出的人

兩人三腳的遊戲，是綁著腳，手牽手一起跑，同時到達終點的奇妙競爭。大家必須培養良好的默契，才能夠到達終點，這看似非常重要的教育。

以教育的理念來看，較極端的說，我認爲這就像是要大家罹患同樣的疾病而死一樣。

所以「平等」，是有能力者能得到正當評價時所使用的字眼。因人而異，當然所得到的報酬也會不同。

這才是平等。

國內的教育完全忽略了這一點。我想，從現在開始培養具有特徵的人，或是培養能夠掀起新產業原動力的人還不遲。

要大家在平行線上工作，太過於突出的人就會被打壓，這種作法已經落伍了。我認爲現代的社會需要自主性的人。

把東西做出來，然後賣掉的時代已經過去了。今後的時代，勞

工們要提升水準，製造出好的製品來。

等到不需要特殊的人，只需要按照吩咐來做事，以避免造成失敗時，大家再一起手牽手工作也不錯。

## ◆從平等的時代變成競爭的時代

但是，那種時代已經過去了。現代是，懂得數學的人發揮數學專長，而懂得物理的人發揮物理專長，對於醫學感興趣的人可以開發愛滋病的疫苗。有很多必須要做的事情。

這時，能夠加速開發速度的就是「競爭」。想成爲愛滋病疫苗的開發者而名留青史，或是想成爲有名的人，不論做什麼，有競爭心就能使人產生幹勁。光是對於科學的興趣，無法一直持續研究。

與周圍的人競爭，同時自己慢慢的先行一步。這個人研究的一百步，可以解救數億人的生命。

即使一億人向同一個方向踏出一步，也只是一步，沒有什麼價值。

mathematics 8

# 沒有個性、自由的想法

## 該怎麼樣才能將數學應用在現實的世界中？

### ◆真正的個性在哪裡？

經常聽人說「要形成發揮個性的教育」。據說孩子具有無限的可能性，而這個無限的可能性，是否也包括了搶劫、殺人在內呢？即使沒有這種可怕的想法，但是，人類的力量畢竟有限，不見得真的有無限的可能性。

高中數學或一般的大學數學，基本上並沒有給予個人或是個性上自由發揮的空間，只不過是忠實的學習先人（天才）所建立的概念。

個性的想法，應該是能夠超越天才所建立的概念。天才所建立的方法，只是反應他所生活的那個時代。因此，他所建立的卓越方法，經過了一些時間，對於實際的問題可能沒有任何幫助。

在大學所學習的一般數學，大多是如此。所以有人認爲，一般教導的數學無法發揮作用。

不過，這是完全不了解現實的理論。

## M 何謂個性的方法？

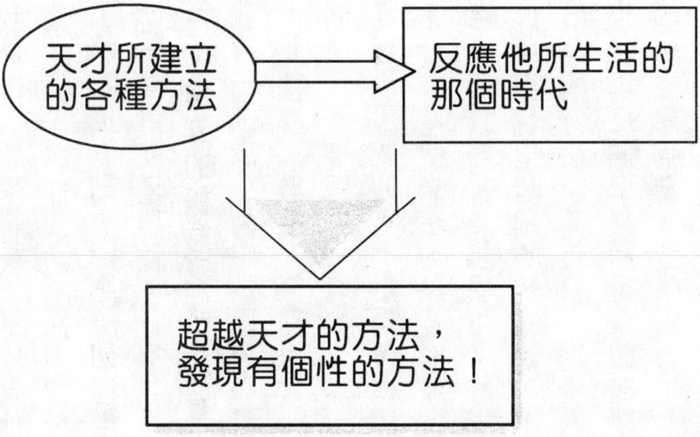
天才所建立的各種方法
反應他所生活的那個時代
超越天才的方法，發現有個性的方法！

以前的天才為什麼要採用這種方法呢……，學習這一點最重要

我們向天才學習，不是學習他做了什麼，而是學習在他所生存的那個時代，爲什麼必須採用這種方法論。

了解了這一點，則應該如何處理目前所面對的問題，就會得到一些啓示。這就是個性。

## ◆自己所建立的概念應該如何具有現實性？

我再三強調，高中數學或一般的大學數學，無法使學生的個性或自由想法得以發展。反覆忠實的學習先人所做的事情，這只是在默背而已。

其實最重要的，不是學會機械式的解答法，而是了解爲什麼那個天才會有這個想法，以及形成這個想法的卓越概念。

老師的責任，是讓學生了解學習數學並不是解決問題而已，而是教導學生想出暗示的解答法，不要讓學生誤解天才的定理就是自己再發現的方法。

也許以這個自我滿足來鼓勵學生解答問題就相當足夠了，但是這樣無法使學生發揮數學能力。

天才在自己建立的概念的適應領域，如何將概念和現實的問題結合在一起，這是必須學習的一點。而個性就是從這兒萌芽的。

數學也好，其他的學習也好，學習任何事物時，解決問題是一種手段，不是目的。藉著解決問題而掌握定理的本質，才是學習的目的。即使現在還無法適應天才所建立的東西，也應該學習他的結果以及他的想法，對於現實的問題加以解釋，思考他所開發的方法是否適用於現實的問題，或者是應該如何加以變化才能夠適用於現實的問題。能夠擴張這些事實關係的解釋、概念，才是真正的發揮個性。

並不是所有的人都需要數學，但卻是絕對必要的學問。爲什麼必要呢——。

心中經常思考這個問題，以這種態度來學習非常重要。

等年紀大了，回想爲什麼討厭數學時，會再一次去思考天才們爲什麼會有這樣的想法，然後打開數學書，也許就會發現裡面所隱藏的學習數學真正的方法。

9 mathematics

# 文化中心的數學

## 雖然有很多故事，但不見得都可以使用

### ◆關於數學趣味的三大話題

文化中心的數學講座，聚集了很多並不是專攻數學，也不是實際必須使用數學的人。

如果講師的談話內容超越自己的理解力，那麼，聽的時候就會造成壓力積存，覺得索然無味。

因此，一定要留意上課的內容。其結果，就形成了較多整數和機率、數等話題的情況。

以下三者是最著名的典型話題。

①「費馬大定理」

②「四色問題」

③「菲保納奇數列」

「費馬大定理」是指——

$X^n + Y^n = Z^n$，$n > 2$（n是自然數）

滿足這個條件的自然數解X、Y、Z是不存在的。

★費馬

（一六〇一～一六六五年）法國數學家。對於整數論感興趣，發現了費馬數等許多重要的發現。他在書上的空白處寫下很多東西，證明了費馬的最終定理，但是，接下來的幾世紀都一直沒有解決，直到一九九四年，美國數學家瓦爾茲才解答出來。

## 文化中心的數學

集了一些實際上自己不會使用數學的人

因為課程非常有趣，有很多話題可說

但是…

## 真正的困難之處不會教導眾人！

## 學校的數學

必須學會使用數學才行

即使遇到困難，也必須要有超越障礙的力量

**光是知道學習數學很困難，就已經是很棒的理科了！**

「四色問題」則是——

用不同的顏色來塗相鄰的國家，不管是哪一種地圖，只要四色就足夠了。

「菲保納奇數列」是指——

1、1、2、3、5、8、13、21、34、55、89、……

相鄰的數字加起來等於下一個數字。

要說明「費馬大定理」與「四色問題」的證明內容非常困難，不過話題卻非常有趣。有很多這方面的數學家以及趣聞。

「四色問題」可以用電腦來解決，但是，無法用數學來證明。此外，還有比較困難的**圖論**，應用範圍非常廣泛。

「菲保納奇數列」，則是實際上存在於自然界的神奇數字，很難解開其神秘的性質，但卻是很有趣的話題，有助於欺騙商法的解析，這也是文化中心經常教導的內容。

**◆真正困難的部分，文化中心不會教導學生**

費馬大定理、四色問題、菲保納奇數列——共通點是真的很困難，因此，文化中心不會教導學生學這麼困難的部分。

但是，在學校卻無可避免。要學會使用數學，就必須度過這個難關，真的非常困難。困難的事情無法簡化，如果要簡化就必須說謊……。理科系會減少，並不是因爲想逃避難題，而是即使增加理科系，也無法增加有志從事理科系工作的人。

數學很困難，物理也很困難——知道這一點才是理科真正的概念。真正了解覺得困難的部分，才能夠使用這個學問。

所以，我認爲學校的課業無法在文化中心進行。

# 〔PART3〕
# 戀愛與數學

★戀愛的構造

★以數學觀點思考正確的避孕法

★婚外情會變成何種情況？

★愛風流要當心！

★人類的規律與數學

mathematics

# 1 戀愛的構造

## 藉著「大災難理論」檢查戀愛行動！

### ◆數學是處理自然、面對現實的學問

很多人認爲，數學是很合邏輯、很冷靜的學問。

這是錯誤的想法。數學原本是用來處理自然的，同時擁有以本質來捕捉現實姿態的態度。

從遠處看杉樹，爲什麼會左右對稱呢？近看樹枝會發現微妙的差距，爲什麼會發生這些情況呢？回答這些疑問，也是數學的責任之一。樹枝分歧的方式是按照「**菲保納奇數列**」，在其他的項目會爲各位談及這一點。

在此來思考一下最不適合數學的範圍，也就是戀愛。登場的人物是法國的天才數學家**盧內．特姆**。一九二三年出生於法國，畢業於正統學校，在施特拉斯堡大學學習稱爲拓撲學的幾何範圍，確立現在的偉大理論「**配邊理論**」。因爲這項業績，而在一九五八得到堪稱數學諾貝爾獎的**費爾茲獎**。

一九六六年、一九七三年，盧內．特姆兩次到日本演講。最初

★菲保納奇數列（一一七〇～一二五〇年）義大利的數學家。在著書中提出菲保納奇數列。一二〇二年發現黃金分割原理，證明科學和藝術的關係密切。

到日本演講時，他的宣言是「大災難理論」。這個演講的頭一句話是「拓撲學已死」，震驚了日本的數學家。

★拓撲學　幾何的範圍之一。

後來，他的『構造安定性與形態形成』一書在一九七二出版，讓我們了解到「大災難理論」。現在這已經不是很新的理論了，不過，當時他看到青蛙發生的模型，驚訝於其神奇的變化，成爲開發這個理論的關鍵。

這本極具魄力的書，與以往的數學書差距很大。

大災難這個字眼，讓大家聯想到的是，一些黑暗、邪惡的負面印象，不過，他的大災難理論，對於未來卻相當具有積極性，給人開朗的印象。

## ◆連微妙的戀愛技巧，都能夠從「大災難理論」了解

那麼，我們就用特姆先生的「大災難理論」來解析一下戀愛的構造。

請先看八十三頁的圖1。畫的是一些彎彎曲曲的局面。從上面看，摺縫形成楔形，因此稱爲楔曲面。這是大災難理論所使用的局面之一。有一次，特姆先生要說明與以往完全不同的現象的理論，結果就使用大災難這個字。

X軸表示男性喜歡女性的程度，而Y軸朝向正面，也就是往右行，表示女性討厭男性。Z軸則是單純的約會次數。

剛開始女性討厭男性，從A點出發。男性喜歡女性之後，兩人的戀愛朝局面上的R1前進，但是，女性一直不答應約會，約會的次數成為負數。

後來女性慢慢的喜歡男性，從B點開始。愈來愈喜歡男性之後，兩人的戀愛走向R2，約會次數不斷增加，反覆進行快樂的約會。

接下來是特姆先生獨特的理論。同樣的局面以圖2來看。當女性完美的拒絕男性時，什麼事都不會發生。但若是女性同情男性，答應約會時，戀愛曲線就會沿著R3曲線前進，不過約會次數並沒有增加，因為女性並不是真的非常喜歡這個男性。

當R3曲線來到了S點時，男性有點退縮，稍微遠離女性。這時R3曲線來到了局面的一端W點，從這兒開始，R3曲線從存在的局面上跳向W點，之後約會次數突然增多，變成按照圖1的R2曲線，兩人的戀愛順利發展。

再怎麼喜歡對方，一味的要求對方是行不通的，但是，只要稍微退後一步，就會產生效果。特姆先生的理論，證明了勉強得不到好的結果。

大災難所使用的曲面，當然不光是楔曲面而已。這個理論，就是使用這些楔曲面說明各種現象。

圖 1

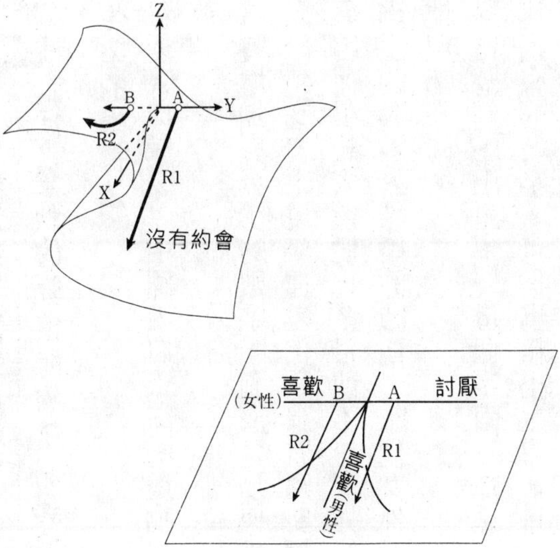


圖 2

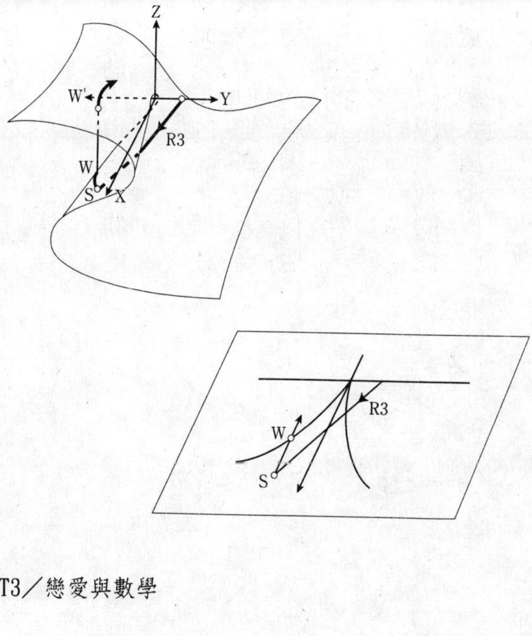

mathematics 2

# 出生率是預測人口增減的尺度

## 經常變動的數值能夠預測到何種程度？

日本人口減少，中國人口不斷的增加，而印度則出現驚人的增加趨勢。

這時增加與減少的數字，到底是以何為基準來測量的呢？現在的總人口到底會出現何種變化？請看**國勢調查**數字。但到底是因為什麼原因而引起人口變化？目前不得而知。人口變化的原因，包括嬰兒出生的人數、結婚的時期、每位女性一生中所生的孩子數等，各國情況都不同。

### ◆出生率的求得法

經常聽到「出生率」這個字眼。這是人口一千人以出生數的比率計算出來的數字。也稱為粗出生率。是以出生數／總人口乘以一千求得的。

日本的總人口是使用十月一日所進行的國勢調查人口。這個數字的分母與性別、年齡無關，而且因為是用總人口來除，所以包括高齡者在內，並非是只以可能懷孕的人所構成的計算公式。因此，

人口中可能懷孕的婦女數會有變動。

以前和現在相比，可能會懷孕的年齡有很大的改變。很難精確具體說出幾歲到幾歲爲止。就算是同一個國家的人互相比較，出生率也會不同。在各地方調查特別的人口動態，出生率中有所謂的特殊出生率，也就是使用不同母親的年齡、不同都市農村等的調查數值。

此外，一般出生率，則是指用婦女的總數除以出生數的數字。根據日本一九九三的人口動態統計，顯示出生率降低，留下人口動態統計有史以來最低的數字九·六。

## ◆即使是以年利率〇·二八的利息來借款，也會以滾雪球的方式增加

出生率和死亡率都是影響人口增減的統計值，而適合在數學上直接計算的是，現在人口的變化率。例如，和前一年相比增加了p人，這個p人除以前一年人口數N所得的數字，就是人口增加率。這和經濟成長率所使用的方法一樣。如果今年的增加率爲〇·〇六，也就是說明年則會有（1+0.06）N的人口。

如果認爲增加率〇·〇六很小，那就錯了。次年爲$(1.06)^2N$，

**人口增加的公式**

$$N(n+1) = (1+0.06)\,N(n),$$

N(*n*)是 n 年的人口

以這樣的方式增加，十年後大約就增加了兩倍的人口。像我就讀大學時，郵局存款的利率是○．○六，乘以n次方後，增加的比例到底有多快，很多人可能沒有實際的感覺。借錢也是同樣的情況。

如果大家都知道年利率○．二八的利息到底有多少，就不會輕易借錢了。年利率二八％大約○．三，也就是說次年變成（1+0．3）倍，一．三的二次方、三次方，用計算機來算，馬上就可以知道一．三的三次方約兩倍。借錢就像滾雪球一樣會不斷增加。在學校學習過**等比數列**或**指數函數**，然後在圖表紙上畫圖表，馬上就一目了然，不要忘記這個基本。

**★等比數列**

最初的項陸續乘上一定的數所得到的數列。陸續乘的一定的數稱為公比。

## ◆解析人口增加需要詳細的模型

在日本，人口的國勢調查每十年進行一次，資料比較離散。離散的資料，無法使用數學上比較強力的**微積分**。微積分可以用在連續變化量。對於時間而言，人口會產生連續的變化，如果用微積分來處理增加率，表示人口函數的增加速度是正比。速度，也就是一次微分與總人口成正比。

下面的公式，包括不知道應該取得何種數值的**函數**的微分在內的方程式，稱為微分方程式，對於解析自然構造是非常重要的

**馬爾薩斯模型**

$$\frac{d}{dt}\mathrm{N} = k\mathrm{N}$$

這個微分方程式的解答是

$$N = ce^{kt}$$

$C$是常數，這裡是指最初的人口

手段。這個微分方程式，是最簡單的人口增加、減少的模型方程式，也稱爲**馬爾薩斯模型**。這個方程式的解答，就像是用離散的模型找出n次方一樣，n次方當成**連續變數**，就會出現指數函數。

先前敘述過，這些函數的增加、減少非常的快速。數字的e爲2.7……，稱爲納皮爾數。實際上存在的國家人口並非指數函數，隨時都會增大、減少。

要解析人口的增加，還需要一些比較詳細的模型。

不過到現在，有些國家的人口還會依照這個函數的程度增加，而不是增加一個、二個。例如日本人口減少，但是，有的國家卻爆發性的增加。

世界的人口目前正持續的增加中。再這樣下去，當然會出現糧食不足的現象，所以，這個問題是全球性的。

### 納皮爾數

可以用以下的公式計算出來

$$e = \lim_{n \to \infty} \left(1+\frac{1}{n}\right)^n$$

mathematics 3

# 人口增加是全人類的問題

世界的人口將會增加到何種程度為止?

## ◆先進國家抑制人口的成長，而第三世界的人口持續增加

人口增加太多或減少太多都會造成困擾。未來減少太多，也可能不會造成問題吧。完全解析基因和能力的關係，就不再需要數了。危險的作業可以由機器人來代替，數不再表示國力。但還是有其他的要素，使得世界會變得愈來愈脆弱。

人的基因序列，目前已經了解了九〇%。要了解到一〇〇%，只是時間上的問題。即使了解到一〇〇%，但是，因爲人類的能力非常複雜，所以，要製造出能力優秀的人還是非常困難。

在第三世界，人口數與國力有直接關係。第二次世界大戰時，日本也有同樣的想法。先進國家會抑制人口成長，第三世界則拒絕這種作法，所以，很難抑制整個地球的人口成長。

爲什麼人口這麼容易增加呢?難道其他動物也是如此嗎?答案是肯定的。放任不管，就會不斷的增加。到底會增加到何種程度呢?我們來探討一下。

## *M* 人類數目＝國力嗎？

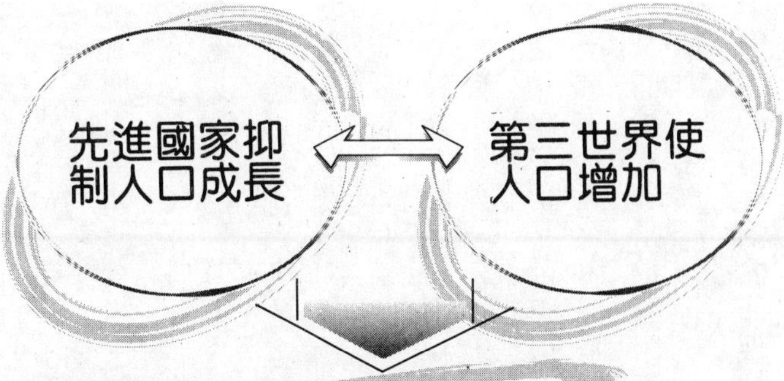


**要控制整個地球的人口成長非常困難！**

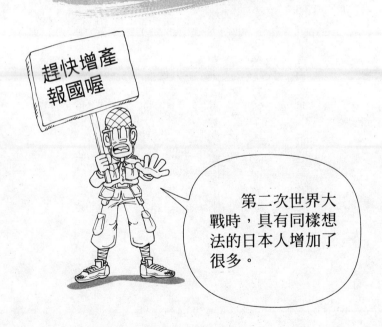

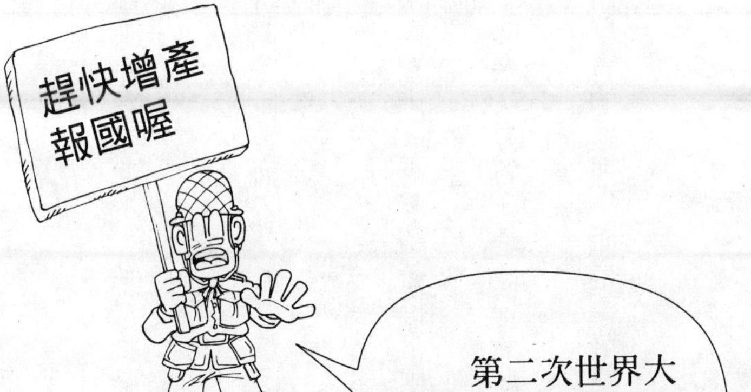
戰時，具有同樣想
法的日本人增加了
很多。

## ◆人口增加的過程

在高中學過等比數列的人，請想一想。

2, 4, 8, 16, 32, 64, 128, 256, 512,……$2^{(n-1)}$

持續增加的數列就是**等比數列**。這個數列是前項的二倍成爲後面的數，也可以是三倍或五倍（當然也可以是½或-3。不過此處不討論會減少爲½）。

人口就是以等比數列的方式增加。這個等比數列，就像是豐臣秀吉和曾呂利新左衛門的傳說一樣，會使用一些技巧。

秀吉想要褒獎新左衛門，問他想要什麼，新左衛門在一張榻榻米上擺上一粒米，在下一張榻榻米上擺上兩粒米，陸陸續續擺上兩倍的米，然後回答要全部的米，秀吉說他是沒有慾望的人。

各位使用計算機，就可以計算出來2的幾次方到底是多少。實際計算之後，才知道增加有多快。

對於數的感覺非常重要。不是學校所學會的道理，而是要培養出這種基本計算感覺。

在本書中經常提到的**菲保納奇數列**，

0, 1, 1, 2, 3, 5, 8, 13, 21, 34, 55, 89,……

**★等比數列**
↓參照八十六頁。

**★菲保納奇**
↓參照八〇頁。

這個數列，是義大利的菲保納奇從兔子的增加方式所製造出來的數學模型。

數列的第n項的項使用n來表示的式子，稱爲一般項。最初的0，在表現數列的一般項時使用起來非常方便。

這個數列的一般項成爲以下的公式，亦即等比數列。

菲保納奇想出來的設定是，一個月一隻兔子生下一隻兔子，新生的兔子一個月之後又生下一隻兔子。那麼，最初的一隻兔子，從上面數列的第三項算起，十二個月之後就會增加三七九隻兔子。

這就是所謂的**鼠算**。

還有，就是在提到出生率時曾經說過的人口的**馬爾薩斯模型**。和等比數列一樣，以同樣的速度無限增大，是增加非常快的函數。如果增加率是負的話，當然人口會急速減少，但是，目前沒有這個可能性。有些先進國家的人口減少，不過，以整個地球來看，人口還是在增加當中。

## ◆「成為餌食的動物」和「吃餌食的動物」

即使不是野生動物，人類以外的動物也可能會絕跡，不見得一定會持續增加。當然，絕跡的原因可能在於人類，不過動物本身也

$$a_n = \frac{1}{\sqrt{5}}\left\{\left(\frac{1+\sqrt{5}}{2}\right)^n - \left(\frac{1-\sqrt{5}}{2}\right)^n\right\}$$

有種族保存的限制。

野生動物各有其繁殖期，大部分的動物是一年一次。就好像是已經決定好了勢力範圍似的。個體數太多，生下來的孩子數會減少，反映在密度上。

不過人類沒有繁殖期，隨時都ＯＫ。如果動物住在東京這種人口密度非常高的地方，則恐怕會無法生存。

人類以外的動物的增減，與餌食有關。就像數學上所說的predetorpray model一樣，成爲餌食的動物和攝取餌食的動物一定要保持平衡。

例如，獅子吃斑馬。獅子增加時，被吃掉的斑馬數目增多，因此斑馬數目減少。食物減少，獅子會餓，孩子的數目也會減少，因此獅子的數目減少。獅子的數目減少，斑馬就不會被吃掉很多，因此斑馬的數目會增加。斑馬的數目增加之後，獅子的食物增加，因此獅子的數目也會增加。形成反覆的循環而取得平衡。

## ◆因為人類沒有天敵，所以很難計算

有些地區缺乏糧食，但是人類基本上是吃農作物，沒有天敵。人的敵人只有人，雖然人類的數目有上限，但很難計算。

只是單純增加的模型並不符合現實的需要，所以想出**瓦亞夫斯特模型**，這是基於全人類應該有上限的想法而建立的模型。按照以下的微分方程式來表示。

當人口數接近某個數目時，增加的程度就開始減少。圖表也證明了這一點。但是，這個「某個數」該如何決定呢？學者說上限應該是八十億，不過這應該由全人類來決定。

**瓦亞夫斯特模型**

$$\frac{d}{dt}N = kN(a-N)$$

# 4 糧食不足可以預測出來嗎？

mathematics

即使列出複雜的方程式，也無法實際加以預測

◆非洲、印度、北韓……糧食不足成為嚴重的問題

世界出現糧食不足的現象。先進國家就不說了，非洲、印度、北韓出現慢性的糧食不足狀態。衣食住行中，會危急生命的「食」，也是政治的重點之一。東歐脫離蘇維埃而獨立，如果食物足夠，那麼也許獨立就會較遲一些。

有一陣子，據說波蘭的超市出現和非洲國家一樣缺乏物資的情況。蘇維埃的穀倉羅馬尼亞採取工業化路線，保加利亞則遵從蘇維埃的路線成爲農業國，但是，兩國政治的變化卻產生很大的差距。不能說誰是誰非，不過，若是能擁有最低限度的糧食，則人類還是可以忍受吧。

三年前跟學會到美國南部，發現調查結果顯示，六〇％的美國人有肥胖的傾向。

的確，南部的美國人，能夠吃掉四分之一隻小牛的小牛排。如果全世界的人口都照著美國人的平均攝取熱量來吃，則糧食絕對不

夠。目前日本的平均熱量攝取勉強還可以。

現在的飢餓，是因爲糧食供給不平衡，原因是國家的貧富差距很大。事實上，非洲有些國家，即使沒有糧食，卻還是會購買中古的戰鬥機F104J。

## ◆預測糧食危機的馬爾薩斯模型

數學上的馬爾薩斯模型非常簡單。這個理論不是政治問題，是基於單純的事實。基本上，人類是以農作物爲主食。每年增加的耕地面積都相同，因此，耕地面積形成等差數列。

例如，奇數的等差數列，

1, 3, 5, 7, 9, 11, ………

相鄰的項差形成一定的數列。也稱爲算術數列。此外，八十六頁也說過人口的增加，而馬爾薩斯模型則說，

解答下面的公式，則$e^t$的速度，也就是以等比數列的速度增加。

例如，

2, 4, 8, 16, 32, 64, ………

相鄰的項目比是相同的。用圖表來看奇數的增加和2的n次方的增加，就可以一目了然。奇數再怎麼努力也無法追上2的n次方。

**馬爾薩斯模型**

$$\frac{d}{dt}N = kN$$

不僅追不上，而且 $2^n/(2n-1)$ 會發散無限大的 $2^n$，增加非常快。

## ◆提示人口增加有上限的瓦亞夫斯特模型

看到這種情況，馬爾薩斯預測隨時都可能出現糧食危機。

馬爾薩斯的人口模型，考慮到出生數和死亡數的差距，認爲是出生數多於死亡數而引起的。從一八〇〇年到一八五〇年，美國的人口和馬爾薩斯模型非常吻合，但是，後來就完全不符了。

馬爾薩斯的模型只注意到人口增加的問題，但若是糧食不足，就算人口沒有增加，也是無法應付。產業革命等社會變動，使得都市的勞工增加，相反的，這些人的必要數也會造成影響。

像現在的日本，如果家裡有三個小孩上私立學校，則根本就付不起學費，這形成不生孩子的根本原因。荷蘭的數學生物學家**瓦亞夫斯特**探討這些要因，認爲人口有上限，愈接近上限的人口時，增加速度就愈慢。以下面的微分方程式來解答這個模型，是以分離變數法來解。這個模型和一八〇〇年到一九三〇年爲止的美國人口非常類似，但是，後來就不吻合了。

## ◆即使使用複雜的方程式，也很難預測現實的人口增加問題

現代社會的人口模型，考慮到男女、結婚的機率、夫妻生孩子

**瓦亞夫斯特的模型**

$$\frac{dN}{dt} = kN\left(1 - \frac{N}{N\infty}\right)$$

$k$ 與 $N\infty$ 是常數

的機率等要素，打算製作複雜的方程式加以預測。

瓦亞夫斯特模型的方程式，只預測到一九三〇年爲止，美國人口增加之後爲一億九千七百萬人，已經超越了這個數字。所以，實際上要預測出這一類現實的模型相當困難。

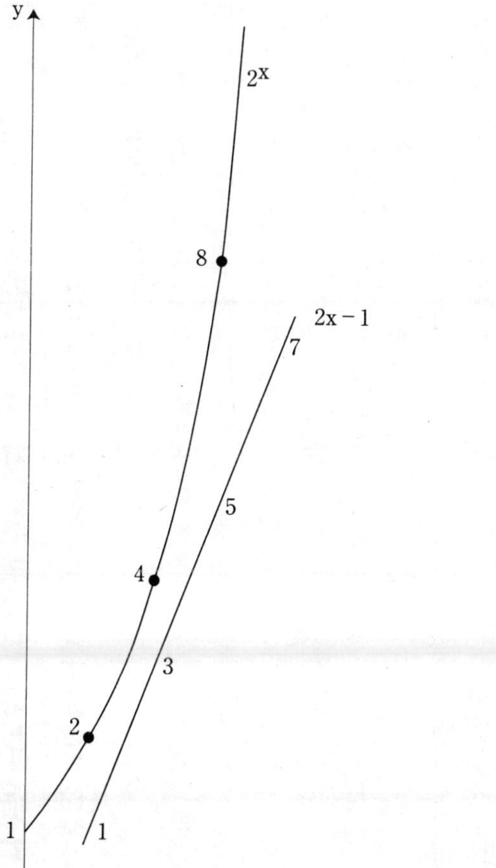


**分離變數法**

$$N = \frac{N\infty}{1 + \left[N\infty / N_0 - 1\right] e^{-kt}}$$

$$N_0 = N(0)\ (常數)$$

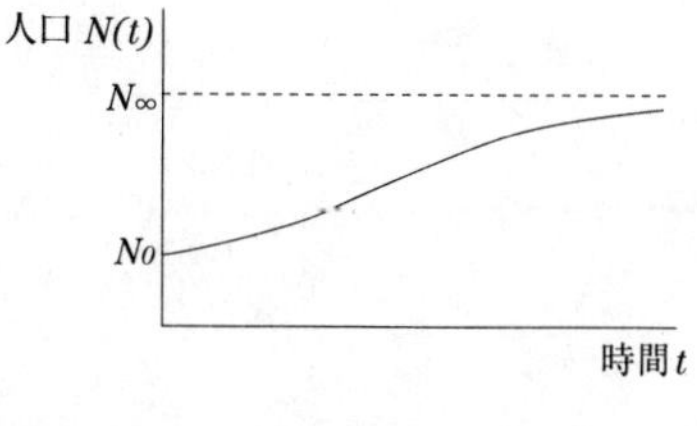

mathematics

# 5 以數學方式來思考正確的避孕法

## 最精準的是避孕丸，保險套無法達到百分之百的避孕效果

### ◆何種避孕法的精準率最高？

避孕丸、保險套，何者的避孕精準率最高呢？荻野式的避孕精準率達七〇％。再怎麼嚴格的調查，這個精準率都不是百分之百準確。堪稱種馬的男子和覺得荻野式比較安全的女子進行性行爲，同樣的實驗必須要進行一萬組才能取得確切的資料。

讓堪稱種馬的男子戴保險套和排卵日的女子進行性行爲，看看到底會不會生孩子，以取得正確的資料。

不論是哪一種作法都不正確。有可能是因爲其他的理由而無法懷孕，同一天進行數次性行爲，精子的數目會漸漸減少，因此，實驗對象必須是隔二、三天才進行性行爲的男子。當然，也不可能安排很多男子，所以，無法進行正確的實驗。

不過，像醫院或避孕用具廠商等的資料，就可以做出大致的預測。然而，這些數字因收集資料的不同而有不同，如果一一舉出，可能會造成困擾。

荻野式七〇%

保險套八五%~九〇%

避孕丸幾乎達一〇〇%

也有人認爲應該採取體外射精的方法，但是，這並不納入避孕的方法之一。因爲一開始就可能漏出少量的精子，所以，靠這個方法避孕是錯誤的行爲。

保險套無法達到一〇〇%的效果，也許有的人會感到很驚訝，這是因爲在使用中可能有破洞而導致失敗。最確實的方法，就是使用避孕丸。

## ◆使用荻野式的避孕法，二年內還是會生孩子嗎？

在學校，這些事情你到底學會了多少呢？

在美國，高中到大學一、二年級的數學，可以使用實際的模型到何種程度，甚至出現了討論是否能夠利用這些教材的雜誌。當然內容不光是避孕，還包括了整個社會現象和科學問題在內。

很久以前，**荻野式**在美國稱爲**月經週期避孕法**，其避孕的精準率達七〇%，因此有論文討論進行性行爲的夫妻第幾年會生孩子，當然並不是實際調查，只是使用隨機數進行思考實驗而已。

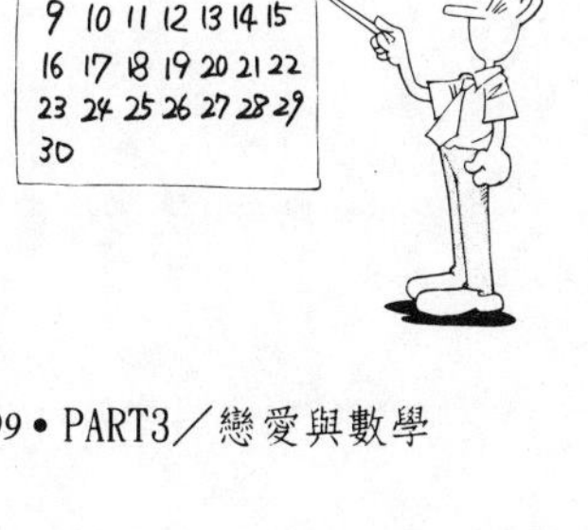

簡單說明一下。避孕精準率七○％，那麼從0到9爲止的十個數字中，有三個會出現孩子，剩下的七個則不會出現孩子。例如出現孩子爲0、3、7，其他的數則是沒有孩子。藉著使用隨機數骰子來決定（使用**隨機數表**這種排列出數目的表）。寫出其中一部分，則是——

92204　68347

26616　14165　91983

使用這樣的列，最初的列在第四項時出現0，也就是說第四個月會生孩子。而第二項的列，在第十五項出現3，也就是說在第十五個月會出現孩子。反覆這麼做這個論文的思考實驗，認爲八○％的夫妻或是性伴侶，二年內就會有孩子。

因此，這也不是確實的避孕法。所以若不願意有孩子，則一定要好好的使用避孕器具或是避孕丸。

這個教育非常重要。然而使用避孕丸不能防止性病。使用保險套，才能在某種程度上防止性病。兩者併用，那麼，高中生和大學生就不會有性病蔓延了。美國大學經常在餐廳擺一些關於性感染症的小冊子。無知是自己的責任。

## M 何種避孕用具最有效？

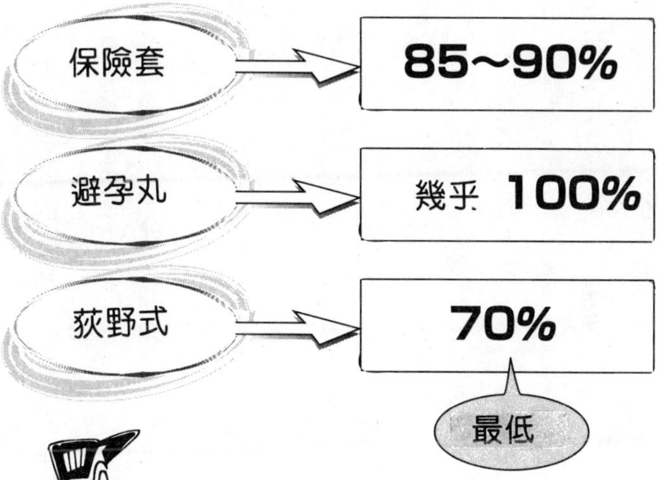

mathematics 6

# 一旦發生婚外情，會變成什麼情況？

一夫一妻制的野鳥，其婚外情率會超過人類嗎？

## ◆婚外情容易有孩子嗎？

婚外情沒被揭發出來就沒問題，一旦被揭發，就會面臨家庭危機。

據說婚外情容易有孩子。週刊雜誌報導一些性生活的紊亂。實際上，到底婚外情生孩子的機率有多少？的確很難了解。因爲不見得每個人都願意說實話。不過，有的報告顯示，一〇%會生下孩子。但到底是如何取得資料，很難確認，因此並不是很正確的言論。

經常聽到有人說道德頹廢。我們就拿動物來比較一下。不會做這樣的事情的野生動物，就像鴛鴦夫妻。

一些喜歡講究道德的人類，有把動物擬人化的傾向。野生動物在進化當中，會選擇最適合自己的方法，牠們不是藉著道德觀念，而是藉著合理性展現行動。

觀察野鳥交尾，是很困難的事情。基本上，採取一夫一妻制的野鳥，很難產生婚外情的想法。現在可以用DNA鑑定來判定這一點。結果發現有些雛鳥的父母不一樣，紫燕三五%，白臉山雀二四%，伯勞鳥一〇%，綠燕三八%，婚外情率相當高。

## ◆為什麼野鳥容易有婚外情？

爲什麼會有這麼多婚外情呢？

以雄性動物的立場來看，也許是爲了保持種族的多樣性。然而以雌性動物的立場來看，事實上，並不需要進行婚外情也可以保持種族的多樣性，所以，這種說法不具有說服力。

聚集在一起的鳥群，比獨立築巢的鳥更容易有婚外情。附近鳥巢的雄鳥與雌鳥會生出孩子。

在雌鳥容易受精的期間進行婚外情，看似合乎情理。而雄鳥要照顧自己的鳥巢，從雌鳥的觀點來看，和其他雄鳥生下的孩子，也許可以增加雄鳥的工作量吧。

動物的婚外情有很多謎團，應該有合理的理由，但是，目前還不了解，等了解理由之後，不知道是不是也可以對人類採取同樣的懷疑。

# 7 傳染疾病

## 關於傳染病的研究，數學方面有悠久的傳統

### ◆可以用微分方程式解開容易得傳染病的可能性嗎？

傳染病模型和人類模型一樣，都是**數理生物學**中悠久的傳統研究。雖說是傳統，但是，國民幾乎都不知道，我們不得不說自己的文明水準太低了。

像日本，就幾乎沒有進行傳染病模型的研究。這個研究始於十八世紀伯努利的研究。真正的研究，則是二十世紀初期，由英國人在英國殖民地印度進行的。其中最成功的，就是**洛斯公爵**對於瘧疾的研究。

大家都知道，瘧疾是以蚊子爲媒介的疾病。洛斯公爵製作數學模型，證明就算不消滅蚊子，只要在空間中蚊子的密度縮小到一定的數值，則瘧疾就不會存在了。

這個重點值稱爲界線值。以數學方式求得的這個值，的確符合瘧疾在印度流行的情況。洛斯公爵因爲這個研究而得到諾貝爾獎，當然不是數學的諾貝爾獎，因爲數學沒有諾貝爾獎。

## M 傳染病的研究歷史悠久！

傳染病模型的研究 → 十八世紀時，英國人在印度進行研究

**日本因為國情的關係，幾乎都沒有進行研究**

黑死病、瘧疾……這些都可以利用數學模型進行研究。
嗡嗡嗡

另外一個重要的研究則是，Kermack 以及 Mckendrick針對**黑死病**的局部人口的短期流行所建立的微分方程式模型。目前這個模型仍在研究發展中。Mckendrick上校是住在印度的英國人。

他們的模型將人口分成三個集合。把今後可能具有傳染性的人口稱爲感受性人口S(t)，已經感染過的人口稱爲I(t)，被隔離的人口稱爲R(t)。

被隔離人口的集合中，包括了已經復原的人、有免疫力的人以及死亡的人。基於這個要素而成立了以下的微分方程式。

$$\begin{cases} S'(t) = -\lambda S(t) I(t) \\ I'(t) = \lambda S(t) I(t) - \gamma I(t) \\ R'(t) = \gamma I(t) \end{cases}$$

式子中的$\lambda$是感染率，$\gamma$是隔離率或疾病造成的死亡率。處理這個微分方程式需要專門性，所以只敘述結果。假設總人口是感染性人口，則疾病會潛入這個團體的界線值的條件爲——

$$R=\frac{\lambda N}{\gamma}>1$$

如果不滿足這個條件，疾病就不會潛入。$\frac{\lambda}{\gamma}$是人口密度界線值，密度在這之下就不會有傳染病。$R>1$ 時，是發生傳染病的初期，病人會以指數函數，亦即等比數列不斷增加。這個模型，充分說明了黑死病在印度局部流行的情況。

## ◆日本方面關於傳染病的研究比較落後

現在二十四小時內可以派遣軍隊到全世界的美國，其陸軍的疫病研究所，對全世界的傳染病、風土造成的特別病毒等進行研究。

不會對人類作惡的菌，未來一旦突變，不知道會變成什麼樣的病原菌。現在，瘧疾和結核已經產生更強力的菌，而愛滋病等新型的傳染病也增加，光靠醫學的處理方式無法解決傳染病的問題，整個世界都有這一層認識。

對於處理傳染病方面的科學，日本非常落後。

治療疾病時，何時要投與多少量的什麼東西才能得到最好的效果，只有藥品公司在進行這一類的研究，這不是正確的研究態度。

mathematics

8

# 稍微玩一下都可能發生嚴重的問題！

## 不光是性行為會感染愛滋病

### ◆日本的愛滋病感染者逐年增加

根據每日運動雜誌在一九九八年十二月二十二日的報導，從九月二十二日開始，衛生所的愛滋病諮商件數與抗體檢查件數減少，雖然有一陣子一天達到一百件，不過後來比以前的四十件更少。

與以前的件數相比，一九九八年九月爲止的一百件，爲平常諮商件數的二倍。這是因爲富士電視台在一九九八年七月七日到九月二十二日爲止，總計播放了十二次『神啊，請再多給我一點時間』的影片。

這是討論愛滋病的節目，而且主角金城武是個受歡迎的演員，所以平均收視率超過二〇％。節目的最後，則會播放每天的愛滋病患者數以及ＨＩＶ感染者數。此外，還會播放關於愛滋病的免費諮商電話以及衛生所的諮商檢查事項。這些諮商者數，是東京南新宿檢查、諮商室的資料。

厚生省（衛生署）外圍團體愛滋病預防財團擔心「節目結束之

後，檢查件數會減少而造成困擾」，的確如此。在電視劇剛播放完的第二天，諮商件數集中出現，不過只是暫時的現象。

這種例子並不是頭一次。一九九二年，東京都使用著名的演員播放一些電視宣傳廣告，當時也出現同樣的現象。宣傳結束之後，眾人的關心度逐漸變淡，諮商檢查件數減少。這可能和日本人三分鐘熱度的性格有關吧。這樣的國民性需要持續宣傳，不過宣傳的效果只是短暫性的，無法持久。所以，日本愛滋病的感染者數並沒有減少，反而是增加了。

## ◆解析HIV感染構造的微分方程式

逐漸習慣反覆宣傳之後，也會出現同樣的現象。所以，還是需要基本教育。不光是只對兒童進行教育，在美國，會徹底教育同性戀者，讓他們了解愛滋病是如何感染的，具有哪些危險性。

這不光是日本的問題，疾病也可能會「出口」、「進口」，例如鄰近的中國、東南亞，情況都很嚴重。

調查目前的感染者數，製作出HIV感染構造的微分方程式模型，就可以知道要以哪些部分爲主來進行防範。注意到傳染病的數理模型來考慮有效的預防方法，是對付愛滋病問題的一大關鍵。

使用傳染病的數理模型，就可以預測若是持續增加下去，將來

感染者人口到底有多少。

其次是非常單純的圖形。這個簡易微分方程式的模型，是由牛津大學的梅教授所製作出來的。

$$dX/dt = B - (\lambda+\mu)X,\quad dY/dt=\lambda X - (v+\mu)Y,\quad dN/dt=B - \mu N - vY$$

方程式所表現的變數，N是全人口，X是感受性人口（還沒有感染的人口），Y是感染人口，B是新生兒人口，$\mu$是因爲愛滋病以外的原因而死亡的機率，v是因愛滋病而死亡的機率，$\lambda$是感染率。

方程式構造的重點，在於感染性人口中，到底有多少比例會變成感染者，另外，就是感染者會死亡的比例到底有多少（但是，這個模型已經相當老舊，並沒有考慮到感染HIV並不一定就會得愛滋病，或利用藥物治療也可能過著正常的生活。因此，現在新的模型已經列入這些要素）。

使用這個模型計算未來的情況。不過這只是預測，實際上不會出現這樣的情況。

一開始就要考慮最重要的參數。

$$\lambda=\frac{\beta c Y}{N}$$

圖1

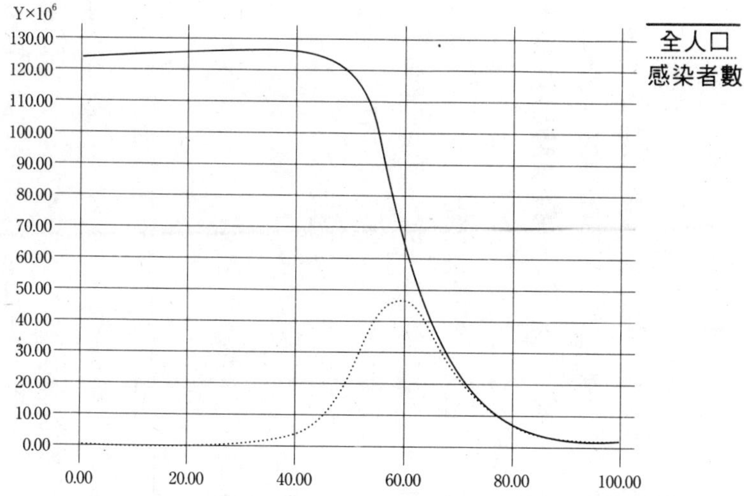
Y×10^6
130.00
120.00
110.00
100.00
90.00
80.00
70.00
60.00
50.00
40.00
30.00
20.00
10.00
0.00
0.00
20.00
40.00
60.00
80.00
100.00
全人口
感染者數

圖2

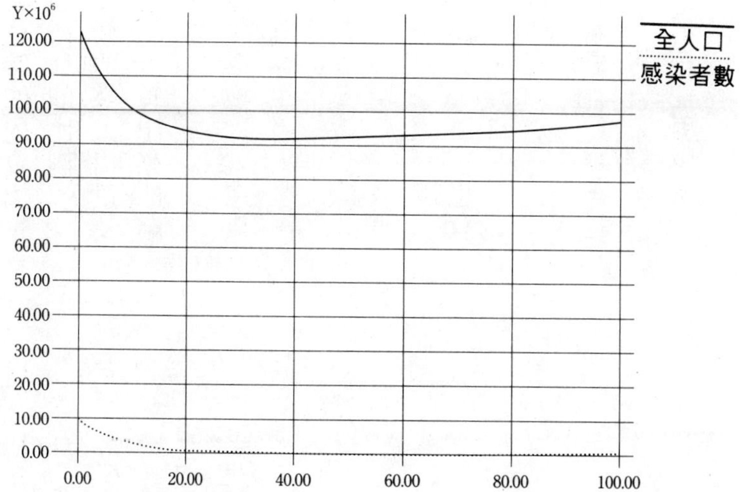
Y×10^6
120.00
110.00
100.00
90.00
80.00
70.00
60.00
50.00
40.00
30.00
20.00
10.00
0.00
0.00
20.00
40.00
60.00
80.00
100.00
全人口
感染者數

β是一次性行爲感染HIV的機率，c則是單位時間內更換幾個性伴侶的平均值，Y／N則是感染者在總人口中所佔的比例。

前頁的圖1、圖2，各自感染率較高和較低時候的總人口以及感染者人口的演變情況，正是利用這個模型使用電腦計算出來的結果。

圖1是一億二千萬人中，患者數只有二千名時，λ愈大就愈無計可施了。圖2則是患者爲一半，λ愈小就愈可以控制住患者人數。看λ的構造，單位時間變換性伴侶的次數愈少愈好。

當然，使用保險套，β也會下降。所以從教育上著手，才是既有效又安全的預防方法。目前還無法完全了解β的現實數值。

據說二十年前的感染率是一〇%，現在則有人說是一%，也有人說是〇．一%。的確比較不容易感染了。

## ◆注射造成的愛滋感染達一〇〇%

爲什麼愛滋病會掀起流行呢？並不是因爲人類喜歡性行爲。這個模型也考慮到了在一般的社會接觸下感染的例子，也就是經由注射感染HIV。這時感染機率達一〇〇%。使用注射器注射麻藥，只要一支注射器就會造成感染。

注射器不足的國家，就經常出現因爲接受治療而感染HIV的例子。

性感染症不光是HIV，其他還有很多。例如，以下的疾病全都是性感染症。包括**衣原體感染症、梅毒、軟性下疳、性器疱疹、性器乳頭瘤病毒、B型肝炎、滴蟲性陰道炎……**。

最近，中學生到大學生等年輕一代，感染淋病或衣原體的例子急增。要打破這個狀況，就必須要普及知識。對於性必須有正確的知識，否則光靠避孕率達到九八％的避孕丸，還是無法避免性感染症。

沒有知識，才是最可怕的疾病。

應該投與的「藥物」，只有教育。

mathematics 9

# 人類的規律與數學

## 「睡覺」「清醒」「活動」——以數學方式思考生物時鐘

### ◆真的有生物時鐘嗎？

不光是音樂重視規律。

生物要生存，必須營造出生命的規律。如果熬夜，則不但無法在平常起床的時間起床，起床後還會覺得睡眠不夠。

如此一來，就無法形成活動身體的規律。醒來時是由交感神經發揮作用，而休息、睡眠時則是由副交感神經發揮作用。此外，還有星期一到星期五工作，星期六、星期天休息的一週規律。星期一上午則會出現這個規律的危險時間帶。很多人在這個時間帶倒下，而且這個時間帶發生意外的次數也比其他時間多。

有生物時鐘這樣的說法。動物具有特有的規律，醒來幾個小時後就會想睡覺。

像我經常在比較暗的房間工作，愈到深夜愈清醒。生物時鐘到底在何處？這是生化學方面的問題了。

但是，有人懷疑是否真要等到生化學者去解析這個構造呢？這個人就是亞瑟．溫福里。他在芝加哥大學授課，他想，既然看不到生物時鐘，那麼，生物時鐘所形成的動物行為，包括「睡眠」「清醒」「活動」的規律，是否可以使用拓撲動力學等數學理論來加以解析呢？

## ◆利用數學理論解析蚊子的生物時鐘！

溫福里使用各種動物做為實驗，而當其中使用蚊子的實驗時，頗耐人尋味。相信很多人都看過蚊群。每到傍晚，蚊子就會很有精神的開始飛舞。但是，在下雨天或陰天等不同的天候時，蚊子的行動就會產生變化。

在室內保持同樣的光和溫度，溫福里發現蚊子的生物時鐘是二十三小時。也就是說，生活在室內的蚊子，每天有精神的生活會往前挪一小時，所以一天有二十三小時。

但是，戶外的蚊子在每天同樣的時間帶都很有精神。差別就在於太陽光線，亦即因為晝夜而使得二十三小時規律調節為二十四小時規律。

數學方面有控制或最適當控制的說法。蚊子到底是使用何者來控制自己體內的規律呢？雖然目前還不清楚控制的構造，不過已經明白太陽光線的輸入會形成二十四小時的輸出這一點。

這個解析的方法，可以利用數學辦到。

## ◆人類藉著太陽光線形成體內規律

溫福里持續研究在光線下的蚊子其規律會變長還是縮短的實驗，發現了數學所謂的「特異點」。也就是在特定時間，蚊子遇到光時，瞬間會出現規律紊亂。

而人也應該有這種危險的瞬間。過著與外界生活隔絕的人，持續做實驗之後，發現睡眠規律和體內溫度的規律脫離了。

人類藉著太陽光調節體內規律。所以我認爲，必須要停止完全避開太陽光線的生活方式。

要健康的生活，就不能違反自己體內原有的規律。人有製造規律的能力，但若是製造出假的晝夜、顛倒的生活，紊亂了自己，則身體和精神都無法安定。

過著與外界隔絕的生活時……

睡眠規律和體內溫度
的規律脫離

過著晝夜顛倒的生活，體內規律
紊亂，就會發生嚴重的後果！

mathematics 10

# 身體的溫度分布

## 長時間和溫度分布不同的人生活，會使壓力積存嗎？

### ◆「分布」這個字眼到底意味著什麼？

數學，尤其是機率或統計學，經常使用分布這樣的字眼（機率論或統計學是數學的一部分，也許各位會覺得這種說法有點勉強）。

例如，擲骰子時出現的點數及其機率，在機率分布表上的結果如下。

| 1 | 2 | 3 | 4 | 5 | 6 |
|---|---|---|---|---|---|
| ⅙ | ⅙ | ⅙ | ⅙ | ⅙ | ⅙ |

全部的機率加起來爲1，這就是「**機率分布**」的特徵。

此外，如果數值零散分布在各處，則稱爲分布，每個年齡到底有多少人，稱爲人口分布，或總人口除以十九歲人口的人口分布以及機率分布。像室內的溫度分布，也可以使用機率分布。

稍微探討一下這個溫度分布的話題。

使用冷氣、暖氣時，房間裡的溫度分布穩定，只有臉的周圍不會發熱（發冷）。如果溫度分布破壞了整個身體，就會感覺不舒服。

現在的空調可以調節通風口或風向，以穩定室內溫度。由此可知，人體的溫度分布對於健康很重要。

## ◆身體的溫度分布有可能成為離婚的原因嗎？

很久以前，和技術科的人談論潛艇的話題，他們告訴我以下的知識。

潛艇中非常狹窄，就連核潛艇也無法取得足夠的空間，必須兩個人共用一張床。結果船員的身體狀況失常。最初不知道原因，後來發現先睡的人和後睡的人其身體的溫度分布有所差距。關於身體狀況不良到何種地步，我並沒有詢問詳細的狀況，不過相信大家都有所了解吧。

男女身體的溫度分布也有不同，所以在一起時，有人會覺得舒服，有人卻覺得不舒服。長期過著夫妻生活，壓力漸漸積存，結果導致分手。如果有人願意研究這一點，則應該是很有趣的事情。

性行爲的相和性也造成很多人離婚，當這些人開始討厭對方時，原因可能是身體溫度分布的差距……。

12345・・・

# 〔PART4〕
# 戰爭與數學

★蘭徹思特的二次法則與遊戲理論
★何謂「囚犯的矛盾」？
★伽利略與審判
★希特勒討厭的數學家
★製作原子彈的數學家

# mathematics 1 戰爭所使用的數學

## 戰爭使用數學，已經證實對人類有所幫助

### ◆幾乎所有的數學都使用在戰爭中

到底是什麼樣的數學會被應用在戰爭中呢？答案是全部。不光是數學，科學也全部被應用在戰爭中。

看似與戰爭沒有關係的**整數論**，可以製作密碼或是解讀密碼。同樣的理論，也可以用來防止電腦犯罪。

我專攻**微分方程式**，可以用在洲際彈道飛彈、原子彈、氫彈、中子彈、雷射、軍事衛星等，幾乎所有的戰爭都會用到。

另一方面，還可以用在心臟起搏器、治療癌症所使用的放射線照射機、ＣＴ電腦斷層掃描，或是幫助沒有方向感的人的儀器上。當然，也可以直接使用在電力或是瓦斯等穩定的供給上。

使用於戰爭，證明了數學有助於人類。

如果沒有第一次世界大戰、第二次世界大戰，那麼，就可能不會急速開發出電腦來。

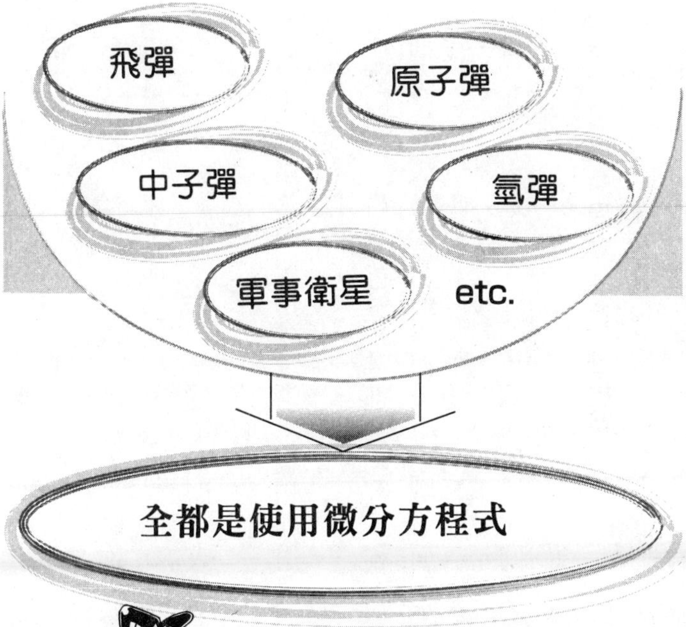
飛彈
原子彈
中子彈
氫彈
軍事衛星
etc.
全都是使用微分方程式

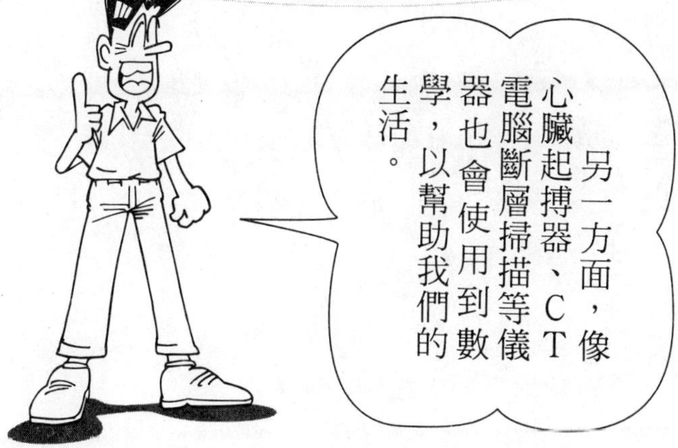
另一方面，像心臟起搏器、CT電腦斷層掃描等儀器也會使用到數學，以幫助我們的生活。

## ◆水中聲納探測器和魚群探測機的原理相同

最初是爲了軍事目的而開發出來的東西。自己在紙上所做的理論，能夠用於實際的世界，這對科學家來說是相當令人興奮的。如果能像電視遊樂器一樣擊落飛機，則不論是誰都會覺得很高興。

不過，科學家並非全都是進行軍事研究。有的科學家甚至認爲不應該進行軍事研究。很多人都是爲了幫助別人而進行研究。

這個問題的困難之處就在於，沒有辦法區別到底是軍事研究還是和平的研究。利用水中聲納發現潛水艦和利用魚群探測機捕撈美味的魚，其原理是相同的。

美蘇冷戰時代，科學技術相當進步。因爲和人類的生死有密切關係，因而不斷的製造出新的東西。爲了戰爭而製造出來的技術卻能夠幫助人，最初的動機當然是爲了人類著想。然而若是使用方法錯誤，就會變成對人類最不好的東西。所以，問題在於決定使用方法的人身上。

## ◆專家必須對自己所建立的理論負責

一般人很少會討論醫療和科學技術，因爲無法戰勝專家的理論，即使聽到說明，也可能無法馬上了解。就算是利用簡單明瞭的方式，也無法說贏專家。

困難的事情絕對不可能變得容易，複雜的事情也絕對不可能變得簡單，看似了解，事實上根本不了解。

那麼，該怎麼辦才好呢？數學家一定要對自己所建立的理論負責，不是專家的人，也必須利用選舉的方式選對使用這些理論的政治家。除此以外別無他法。

現在用電腦管理很普遍。例如，稅捐處會用電腦進行管理。覺得數學對人類沒有幫助的人，立刻就受到報復了吧。

數學不拿手的人，至少也應該關心一下數學到底爲我們做了些什麼。

看完本書，相信你不會再對數學保持沈默了吧。

mathematics 2

# 蘭徹思特的二次法則與遊戲的理論

## 戰爭中的戰略會活用各種的數學理論

### ◆在團體對團體的作戰中數學理論非常活躍

戰爭是搏命的事情，自古以來就有各種的戰法。以數學方式來思考，單騎對敵時代的戰略，一個人不會遇到好幾個對手，因此，可以用**比例式的常微分方程式**來表現。

但是，像團體對團體戰等近代戰，機率的想法和重武器的數值、評價等理論是必要的，而且要使用**聯立常微分方程式**或**偏微分方程式**來表示。

最初「寡不敵眾」，但是，在近代戰中，少數的兵力就能擊潰大軍，這種數學根據的確存在。

其中之一就是「**蘭徹思特的二次法則**」。這原本是蘭徹思特關於近代戰的航空戰力論文中的內容，現在則是意味著作戰研究範圍誕生的「法則」。

典型的例子就是「特拉法加海戰」和「日本海海戰」。兩個戰爭都是必須要阻斷很多敵人，集中戰鬥的焦點，將攻擊集中在一點。

★常微分方程式

只含有一個獨立變數，例如只含有時間微分的微分方程式，這就稱為常微分方程式。

★偏微分方程式

不同於常微分方程式的，就是會不斷出現波動的微分方程式，包括了關於時間微分和關於空間、方向微分在內的方程式。有二個以上獨立變數的微分方程式，就稱為偏微分方程式。

## ◆利用少數人擊潰多數人的「蘭徹思特的二次法則」

日本海海戰（一九〇五年五月），強調劣勢的日本聯合艦隊想利用其戰力與俄羅斯的巴爾奇克艦隊一較長短。旗艦三笠，乃是一九〇二年日本向英國訂購的新銳艦。防禦裝甲是使用比鐵和軟鋼更具耐彈力的強力特殊鋼所打造的，比較輕，可以搭載較大型的大砲。這個繼特拉法加海戰以來的大海戰日本海海戰，證明了三笠的實力，迎向後來的大艦巨砲時代。最後的戰艦是「大和」「武藏」。

「大和」完成時，時代已經從大艦巨砲變成以航空母艦爲主的機動部隊的戰略了。

聯合艦隊司令長官東鄉元帥曾留下一句名言：

「百發百中的砲門一門，戰勝百發一中的砲門百門。」

「蘭徹思特的二次法則」，說明了百發百中的砲門一門是不合理的，百發百中的砲門十門和百發一中的砲門百門才有可能一較長短。

以寡敵眾的數學的根據之一，就是「蘭徹思特的二次法則」，

$$X' = -aY, \quad Y' = -bX$$

是以這個微分方程式來表示。X、Y各指東軍與西軍的戰鬥員

數，而各個的能力相等。b、a各自表示東軍與西軍武器能力的數目。X′與Y′則各自表示X與Y的微分。這個微分方程式，表示各個軍隊會失去多少的戰鬥員。東軍與西軍，最初各自以x、y人的戰鬥員開始戰鬥，解析這個方程式之後，就可以成立

$$b(x^2 - X^2) = a(y^2 - Y^2)$$

當E=a /b時，這個式子可以變形爲

$$x^2 - X^2=E(y^2 - Y^2)，X^2 - EY^2=x^2 - Ey^2 \quad (1)$$

從方程式的形態可以了解到，陣亡者的數目是以二次方的比產生變化，這個式子就稱爲「蘭徹思特的二次法則」。當然不能表現所有的戰況，但是，可以看到大致的情況。

首先是武器性能相同時（E=1）來比較陣亡者的數目。東軍一千人、西軍二百人，當西軍的陣亡者變成二百人時，西軍就全軍覆沒了。因此(1)的第二個公式是Y=0，x=1000，y=200

$$X^2 - 0=1000^2 - 1 \times 200^2=96000，X= \sqrt{960000} \fallingdotseq 980$$

東軍剩下九八〇人，陣亡者二十人。武器性能相同，兵力爲五倍，則陣亡者爲十分之一。

## ◆武器性能為十倍時，能夠應付三倍的敵人嗎？

接著，就是東鄉元帥所說的，當武器性能爲十倍時，能夠以多少人數進行作戰的計算。戰爭結束後，利用這個模型來衡量兩軍全軍覆沒的戰況。

根據 $E=10, X=Y=0$，則(1)的公式如下

$$x^2-Ey^2=0,\ x^2=Ey^2,\ \frac{x^2}{y^2}=E,\ \frac{x}{y}=\sqrt{E}=\sqrt{10}\doteqdot 3$$

如果是肉搏戰，則至少可以應付三倍的敵人。

決定戰鬥勝敗的不光是武器性能而已，使用方式以及用兵也非常重要。日本海海戰是與敵人呈直角作戰，可以使用前後的砲門，而敵人只能使用前面的砲門，不光是性能會影響作戰要素，連戰法都會改變E。

## ◆能夠活用於經濟競爭的「遊戲理論」

近代戰爭中，情報戰非常重要。了解對方會採取何種作戰方式，應該如何應對我方才能獲勝，對於此有人認爲可以用數學方式來判斷，那個人就是**方諾曼**。不光是戰爭，也可以應用在經濟競爭的諾曼理論，現在被稱爲「**遊戲理論**」。

當事者有兩種，當事者判斷的次數有限的遊戲，大致分爲以下

★**諾曼**（一九〇三～一九五七年）美國數學家。想出內藏電子計算機程式的方法，是遊戲理論的創設者。在美國，修MBA時，遊戲理論是必修科目。

三種。

①完全情報・和等於零的遊戲

②一般和等於零的遊戲

③非和等於零的遊戲

和等於零的遊戲，指的就是參加遊戲的兩人利害程度完全相反。兩人賭博時，賭金合計起來是一樣的，爲了讓自己賺錢，一定要從對方那兒得到錢才行。遊戲結束時，兩人所賺的錢合計應該等於零。

非和等於零的遊戲，則像職棒的更改契約一樣，雙方的利害不見得是對立的。不能更改契約時，球隊和選手都會有所損失。

①的完全情報・和等於零的遊戲，則像下棋一樣，必須滿足以下四大條件。

(1)有兩名演出者。

(2)遊戲結束後，演出者的利害關係完全相反。

(3)遊戲有限度。

(4)藉著所有遊戲的步驟，讓兩名演出者擁有完全的情報。

這個遊戲一定會有一方獲勝，這是一九一二年奇爾梅洛所證明

## 二人的利害關係對立

### ①完全情報·和等於零的遊戲

　　一方有得時，對手只會損失對方所得到的部分。也就是得和損失加起來合計為零，所以有這樣的名稱。下棋就是其代表。能夠完全得到情報，而且遊戲有限。

### ②一般和等於零的遊戲

　　像戰爭等情報不完全的情況。

## 不光是對立，有時需要互相協助

### ③非和等於零的遊戲

　　自己有所得，而且對方也不會造成損失，或是兩人互相協助才能夠得到好結果的情況。

的。這也可以說是最早關於遊戲理論的論文。

例如戰爭，雖然能把握敵我雙方的狀況，但無法完全掌握敵方正在做什麼，所以是屬於一般和等於零的遊戲。

## ◆將最大的損失降到最小的「迷你馬克思定理」

一位叫做O．G．海伍得人士的論文，舉出像以下一般和等於零的遊戲的例子。

一九四三年二月，西太平洋聯合空軍司令長官喬志．邱吉爾．肯尼將軍感到迷惘。因爲必須判斷爲了增強兵力而被派遣到新幾內亞的日軍，到底會走兩條路中的哪一條路。

日軍被轟炸的日數如下表所示。

由這個表可以了解，如果日軍選擇北側，而肯尼將軍也轟炸北側，則日軍會被轟炸二天。如果日軍選擇北邊，而肯尼將軍選擇南邊，則日本軍則會遭到一天的轟炸。

兩軍都有這個情報。日本軍會選擇哪一個呢？

這很簡單，日軍只能選擇北側。所以，肯尼將軍只要選擇北側加以轟炸即可。這種形態有很多選擇，藉著放入裡面的數值來判斷會變得更複雜。例如，取得對自己最有利的戰略，而對方當然也會

| 日本的選擇 | | 北側 | 南側 |
|---|---|---|---|
| 聯軍隊的選擇（肯尼） | 北側 | 2日 | 2日 |
| | 南側 | 1日 | 3日 |

察覺到這一點，最後會對這個戰略進行對抗處置，結果可能遭遇失敗。方諾曼與**摩根休德倫**，導入將最大損失抑制到最小的「**迷你馬克思定理**」，解決了這個問題。

### ◆何謂「囚犯的矛盾」？

但是，非和等於零的遊戲，則具有更複雜的要素。因爲不光是考慮到敵對的立場，也要考慮到協助的立場。協助就能得到好結果時，這個形態的遊戲，就會存在著著名的矛盾現象。

這個著名的矛盾被稱爲「**囚犯的矛盾**」的遊戲。兩名一起犯罪的人被警察逮捕，各自保持緘默比較好，還是坦白比較好呢？要如何了解其結果呢？

①一人坦白，而另外一人緘默，則坦白的人無罪釋放，緘默的人處以十年徒刑。

②兩人都坦白處以三年徒刑。

③兩者都緘默處以一年徒刑。

情況如下表所示。嫌犯都不知道另一人會如何行動，各自假設對方的情況來判斷自己的狀況。對方坦白，而自己保持緘默，就要服十年徒刑。而自己與對方都坦白，就要服三年徒刑。如果對方保

| | | 嫌犯 A | |
|---|---|---|---|
| | | 坦白 | 緘默 |
| 嫌犯 B | 坦白 | 3 年、3 年 | 釋放、10 年 |
| | 緘默 | 10 年、釋放 | 1 年、1 年 |

持緘默，自己坦白，那麼就能獲得釋放。還是兩人都保持緘默，被判一年徒刑呢？看起來坦白才能獲得最有利的結果。

按照遊戲理論，若是兩人都坦白，就要服三年徒刑。若是兩人都不了解遊戲理論而保持緘默，則可能只要服一年徒刑。

所以，就存在著矛盾的現象。

面對這個問題，需要協助關係，還是非協助關係。如果保持協助關係，則比起非協助的關係而言，各當事者比較能夠順利處理問題。如果了解對方的判斷，並且採取不合作的態度，對自己反而有利。

## ◆如果對方與自己都得不到利益時，最好互相協助

企業間的競爭也是如此。如果知道互相協助比較有利，當然就不需要競爭，不過，也可能會觸犯獨佔禁止法。

如果是兩個敵對的國家又是如何呢？在不斷努力之下，軍備與對方一樣，結果雖然擁有同樣的軍備，但是，國家卻形同破產。若是這樣，那麼還是不要這麼做比較好。

當對方與自己都得不到利益時，則採取互相協助的方式是最恰當的，這就是「遊戲的理論」。

也就是，不一定要發動飛彈攻擊來推毀一切。

**對方無法得到利益，而自己也不見得會得到利益時，則互相協助比較好，這就是「遊戲理論」。**

# 3 原子爐與數學

## 原子彈是使用何種數學理論？

### ◆數學是為了解決物理問題而進步的嗎？

歷史上最偉大的數學家**高斯**，他在晚年的弟子**黎曼**察覺到十九世紀中期並沒有平行線的幾何學。恐怕連黎曼自己也沒有預料到愛**因斯坦**竟然會利用這個幾何提出了「**相對論**」。

一般認爲數學理論比使用物理的時間早了五十年。但是，到了二十世紀卻認爲這個假設很奇怪，因爲解決物理問題需要新的數學概念，所以數學才會進步。

這是必然的。接著要來探討數學的話題。

第二次世界大戰時，美國和德國競相製造原子彈。這個原子彈原理和原子爐進行核分裂時一樣，瞬間釋放出能量。若是能控制能量慢慢的使用，就會產生不同的作用。事實上，要慢慢使用卻非常困難。

要製作一些大的新東西，通常會先做小的東西，反覆實驗。在做大的火箭之前，會先做小型的火箭。日本就是這樣研究火箭的。

★**黎曼**

（一八二六～一八六六年）德國數學家。提出現代理論物理學發展的新幾何學體系。後來黎曼幾何學形成了愛因斯坦的一般相對論的概念。

**以前是**……數學 比 物理 更進步五十年

**現在是**……要提起物理的問題，就要新的數學概念，所以數學進步

**製造原子彈的過程中所產生的「蒙地卡羅法」，也是配合必要狀況而產生的**

但是，原子爐就不能這樣做了。

一旦實驗失敗，就可能會引起爆炸。雖然不可能這麼輕易的就進行核分裂而產生爆炸，但是，製作原子爐模型的價格相當昂貴，這也是其很難製作的原因之一。

## ◆將複雜問題替換成機率模型的「蒙地卡羅法」

這時該怎麼做才好呢？爲了打破僵局而絞盡腦汁的，就是爲了製作原子彈而設置洛斯．阿拉莫斯研究所的兩名數學家**烏拉姆**和**方諾曼**。

其方法稱爲「**蒙地卡羅法**」，應用的範圍相當廣泛。將複雜的問題替換成機率模型，並且使用隨機數列加以解析。不過，了解的人可能不多。

**★方諾曼**
↓參照一二九頁。

舉個簡單的例子爲各位說明一下。

例如要求$\pi$的近似值。這只是舉例，實際上不會利用這樣的計算來求$\pi$的近似值。今後想進入理科系的人，一定要注意這一點。在面臨瓶頸時，就會使用蒙地卡羅法，想要求$\pi$，則有更簡單、方便的方法。

與$\pi$有關的圖形，當然是圓，半徑爲1的$\frac{1}{4}$圓與正方形如下圖所示。

正方形的面積爲1，$\frac{1}{4}$圓的面積爲$\frac{\pi}{4}$。所以，對這個正方形扔球時，進入正方形的機率是1，而進入$\frac{1}{4}$圓的機率是$\frac{\pi}{4}$。球進入圓內側的機率乘以4倍，這個值就是$\pi$的近似值。如果真的扔球可是相當麻煩，所以會使用隨機數。圓內部（包括圓周在內，周的面積爲0）的條件爲——

$$X^2+Y^2<1 \quad (1)$$

座標X、Y用隨機數來決定。包括正方形在內的點都比1小，而且是小數點以下五位數，從隨機數表中選出十個數字abcdefghij，座標訂爲——

X=0. abcde　Y=0. fghij

帶入(1)中，檢查看看(1)是否能夠成立。

反覆做一千次或一萬次，出現(1)成立的比率，就是$\frac{\pi}{4}$的近似值，再乘以4倍就是$\pi$的近似值。

以上就是使用隨機數解析的單純例子。

蒙地卡羅法，適用於以機率模型來計算比實際計算更快的問題上。

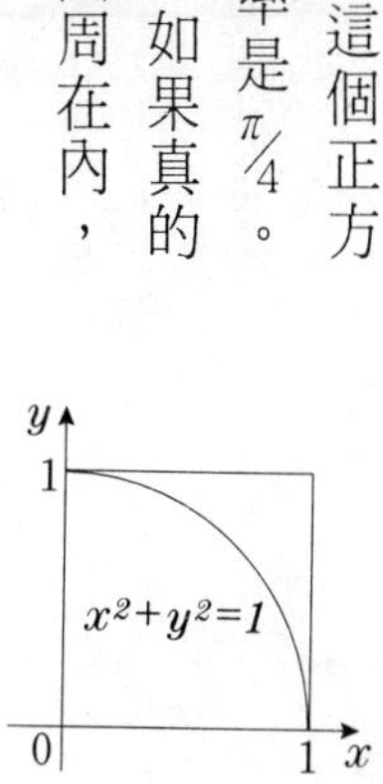

例如使用電腦，但若是實際計算，則需要很多時間和勞力。使用電腦，蒙地卡羅法就能解開許多困難的問題。值得注意的是，沒有電腦就無法使用「蒙地卡羅法」。

### ◆從卡片遊戲誕生的「蒙地卡羅法」

那麼，烏拉姆是如何察覺到蒙地卡羅法的呢？

一九四六年，烏拉姆因爲身體不好而靜養，自己一個人玩卡片遊戲。他察覺到卡片出現的機率，與其實際上列出所有的組合數加以計算，還不如反覆利用卡片多玩幾次遊戲就能夠算出來。

當然，必須要有真正能夠代替遊戲「用隨機數進行思考實驗」的想法。烏拉姆的這個想法，被用在洛斯·阿拉莫斯研究所著手進行的中子擴散上。

烏拉姆所進行的中子擴散研究，要解析表現散亂、吸收、核分裂的**積分微分方程式**的數值，根本是不可能的。可能有數千種的可能性，利用思考實驗來調查，用隨機數來決定各階段所產生的事情，合計出所有的可能性，調查整體的情況。這時只要利用電腦就能夠加以計算。

烏拉姆把這個想法告訴一九四六年到洛斯·阿拉莫斯研究所的

方諾曼。最初方諾曼懷疑現實性，沒多久他就沈醉在這個想法中，一百個中子進行一百次衝突計算，當時利用ＥＮＩＡＣ來計算要花五小時。

最初用電腦來計算蒙地卡羅法是在一九四七年，是第二次世界大戰以後的事情。當然趕不上原子彈的製造過程，但是，對於核能發電、氫彈的研究貢獻極大。

mathematics

# 4 在醫院如何使用數學？

## 各種最新的醫療器具也是基於數學理論而誕生的

### ◆心臟起搏器所使用的「高斯理論」

人體成立在所有機能的平衡上。萬一某處異常，則想要將其恢復原狀的力量就會發揮作用。

以數學來說就是「**最適當控制**」。以力學系的模型來說，使心跳穩定的心跳起搏器並沒有什麼不可思議的。心律不整時，心跳起搏器可使心跳穩定，而改良細動去除裝置，則需要「**高斯理論**」。

迪克大學的**艾迪卡**，開發了使用「高斯理論」的埋入式小型細動去除裝置。這個裝置和心跳起搏器同樣埋在心臟附近，可以感受到心臟的跳動，一旦心臟出現細動（心律不整）時，就會震撼心臟，使其恢復原先的運動。

更直接的技術應用，就是CT電腦斷層掃描和超音波診斷。CT電腦斷層掃描的CT是computec tomography的簡稱，使用X光進行電腦斷層攝影。提到X光，大家會想到是檢查胸部的X光攝影，不過CT則是可以拍攝到斷層圖片，將人環切。

簡單的說，就是身體接受來自四面八方的X光束，利用檢測器捕捉通過身體的微量X光，整體進行積分處理，當然，必須利用電腦處理才行。如果用手計算，恐怕患者必須要等待數個月後才能看到報告。

大型電腦無法安裝CT電腦斷層掃描的所有機械，因此，必須先進行積分處理，然後做畫像處理。爲了有效完成處理，還是得依賴人類解決問題的能力。

## ◆沒有數學理論，就無法誕生CT電腦斷層掃描嗎？

如果沒有大型電腦，則如何能快速計算呢？其必要性，使得**偏微分方程式**的範圍更廣，能夠即時診斷患者。

★偏微分方程式
↓參照一二六頁。

基本上，電腦只能當成離散型的變數，與表現連續變化的微分具有離散性的類似。離散性的類似，就是高中所學過的帶有附註的變數的遞增公式（循環公式）。如果不能利用這個遞增公式來表示現實的世界，那麼，就不能夠用電腦來解析複雜的微分方程式。

以經濟的觀點來看，基本上數字還是數列。連續型的變數，不光是只需要微分、積分而已。

CT是一九七二年英國的**漢斯費爾德**和美國的**克馬克**所開發出

來的，他們在一九七九年得到諾貝爾生理、醫學獎。CT電腦斷層掃描併用碘類的造影劑，就能發現具有微妙變化的癌細胞等。此外，組合X光束和台子的移動，就能夠製作立體圖。

將人體的環切像映在電視螢幕上，由外部就可以進行困難的顱內病變診斷等。沒有物理或數學的理論，就絕對無法誕生這些裝置。

## ◆確信數學獲勝的「超音波診斷法」

超音波診斷法，是一九八〇年代後半期在醫療世界所使用的方法。利用超音波發信代替X光，以體內的液體或個體爲媒介來傳播，利用其遇到音響性質不同的物質的境界面會反射的性質。以電腦將這個反射進行畫像處理，就能夠即時進行診斷。

因爲不是放射線，所以不會影響到人體，而且也可以診斷柔軟的部位，不過，在遇到骨頭時就很難診斷了。

這是利用「**多普勒效果**」，甚至連血流都能夠看得一清二楚的優良診斷裝置，所以，是醫院不可或缺的設施。這個裝置也讓人們確信解析波的物理以及數學獲勝了。

**★多普勒效果**

光或音等波的發生源，距離觀測者或遠或近時，外表上放出的波的周波數產生變化的現象。

嗶啵～
嗶啵～
當傳出音或聽到音的任何一方，或是兩者都在運動時，振動數會產生變化，因此音聽起來也不同。

mathematics

# 5 伽利略與審判

## 天才們的傳說是真的嗎？

### ◆「但是地球還是會動」——伽利略真的這麼說嗎？

伽利略，宗教審判勸他只要放棄地動說就會原諒他，然而他卻堅持「但是地球還是會動」，是十七世紀初期建立力學出發點的大學者。

另外，在物理方面，堪稱近代天文學之祖的，就是同一時代的**開普勒**。提到「**開普勒的劍**」，相信很多人都記得這個名字。西方人爲了驅魔，手中持劍，藉著這股氣勢就能夠斬除魔物——這就是開普勒的劍。日本的修行者用手刀切九字的行爲，與其類似。也許你會懷疑近代天文學之祖怎麼會做這樣的事呢？

大家可能對伽利略沒什麼印象，不過卻有很多關於他的傳說。詢問研究數學史的朋友，伽利略是否真的說了：

「但是地球還是會動。」

朋友立刻說：「他沒這麼說。」那麼，**牛頓**的蘋果是否也是錯誤的傳說呢？

看到蘋果掉在地上而發現**地心引力**，大家仔細想想這種說法，

★**開普勒**（一五七一～一六三〇年）確立關於行星運動的三大法則，並加以證明。這些法則現在成為著名的開普勒法則。牛頓提出地心引力法則時，也參考了開普勒的成果與觀測結果。

就會發現應該是錯誤的傳說。此外，站在比薩斜塔上，讓輕的東西和重的東西掉落地面所進行的落地實驗，應該也是錯誤的傳說。還有就是看到寺廟的燈搖晃，發現如果鐘擺的長度一樣，則擺向兩端的時間應該是一定的，關於發現這個等時性的傳說，據說那個時代根本沒有這樣的燈，所以也不值得相信。

不過倒是因爲有了這樣的傳說，才更能夠證明伽利略的天才。

伽利略著有『**天文對話**』和『**科學對話**』兩本名著，牛頓也著有『**光學**』一書，有興趣的人可以閱讀。看了之後，不見得能夠提升在學校考試的成績，不過真的能夠提升你的實力。

天才所說的話不見得都是正確的。沒有人是完美的。例如，伽利略想利用地動說來說明潮汐的原因，這種作法看似有勇無謀。

另外，還有爲了爭奪帕多巴大學數學教授的位置，而穿著大學教授的制服遊街，甚至做了一些可愛的事情等。不看這些具有人性化的一面，絕對無法了解他們的整體像。不論這個人是否有婚外情，或是對人冷淡，他的數學能力是不容否認的。

## ◆為何伽利略會受到宗教審判？

伽利略之所以受到宗教審判，關鍵頗令人感慨。支援伽利略的是羅馬教會哈特派的樞機主教。當哥白尼提出地動說時，盧塔一笑置之。羅馬教會研究哥白尼的地動說，哈特派的樞機主教當然也贊同，後來這個樞機主教成爲羅馬教皇烏爾邦八世。這時他的立場受到了限制。居於高位後，就沒有以往的自由，官僚主義現在在日本也屢見不鮮。

伽利略之所以受到宗教審判，據說是烏爾邦八世變節的緣故，其原因是當時對羅馬有極大影響力的西班牙造成的。並不是因爲西班牙是舊教國家，而是因爲和伽利略關係很好的特斯卡納公爵受到了奧地利帝國的影響，牽扯到他的緣故。

在羅馬，地動說會受到嚴格批判，當然也是受到西班牙的影響。伽利略在接受審判時，雖然不願意放棄「但是地球還是會動」的說法，但他是否真的說了這一句話，那又另當別論了。

不過無論如何，地球的確會動，而且直到最近，羅馬教會也提出了承認地動說的見解。

或許羅馬教會知道事實勝於雄辯，而不得不承認事實吧。

如果去羅馬，一定要搭乘地鐵去看看聖彼得大教堂。在這裡，就算你相信天動說也無妨。

## *M* 但是地球還是會動嗎？

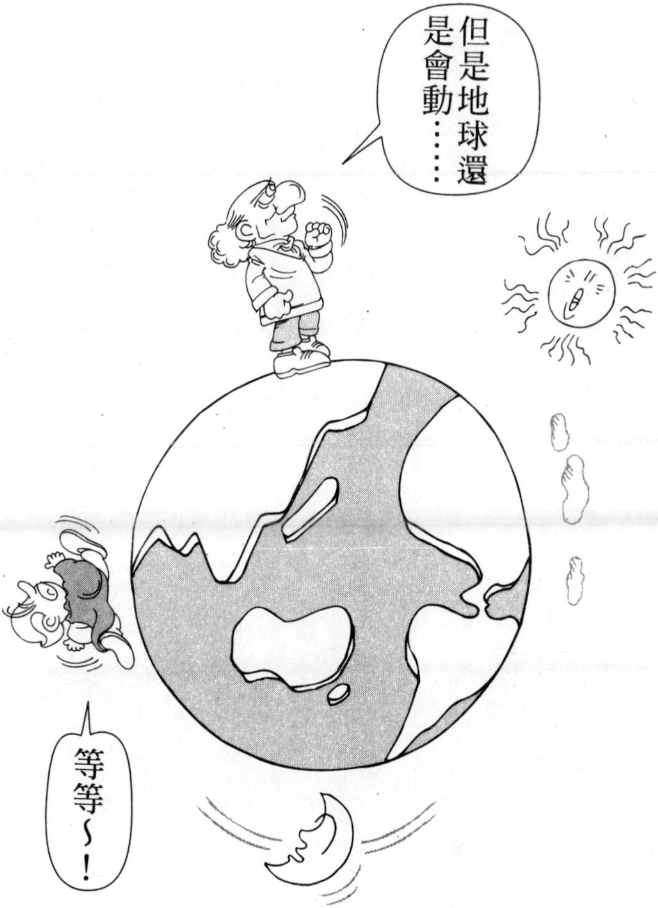

# mathematics 6 迪拉克的δ和數學家

## 物理與數學經常有密切的關係

### ◆有沒有內角和不是一八〇度的三角形？

有人認爲數學比物理更進步五十年，但這是錯誤的想法。在腦海中思考的理論，可以無視於現實的存在而發展，所以發展快速。理論用於實際現象的物理，必須摻雜著實驗來進行，因此，看起來好像是追著理論跑。其結果，數學理論先跑五十年，之後，爲了表現事實而考慮使用數學的物理學家才加以利用。

典型的例子，就是**愛因斯坦的相對論**，其數學根據就是使用**黎曼的雙曲線幾何**。這個幾何與在學校學的**歐幾里得幾何**不同，是指三角形的內角和並不等於一八〇度的幾何。

十九世紀末到二十世紀初期，歐幾里得無法證明平行線的公準，亦即「對於某個直線而言，只要畫一條通過不在這條直線上的點的平行線，就可以證明」。對於這個理論感到懷疑，其定理實際上可能不成立，因爲有這樣的想法，所以誕生各種幾何。

其中之一就是黎曼幾何學。

★**歐幾里得**（BC三〇〇左右）希臘的數學家。主要著書包括『原論』十三卷，討論平面幾何學、比與比例、整數論、無理數、立體幾何學等。

## ◆用物理的理論來處理數學的「迪拉克的δ的爭論」

黎曼是著名的高斯在晚年的弟子。黎曼所建立的理論被愛因斯坦所利用，不過時間上有些差距。現代，有很多為了完成一些事情才建立理論的例子，所以，數學並不見得全都比物理早一步。

**迪拉克的δ的爭論**發生在二十世紀。這就是物理的理論脫離數學的典型例子。打算建立量子力學的數學理論的迪拉克，苦於點電荷的表現。

突然他靈機一動，想到了δ和f(x)相乘，從負無限大到正無限大進行積分，就會形成f(0)的值，思考到函數的問題。

數學家對此很驚訝，因為沒有看過這樣的函數。通常學者都很排斥出現自己不知道的東西，因為若是自己無知的事情成為眾所周知的事實，那麼，就會威脅到自己存在的價值。所以，很多數學家開始批評迪拉克的δ，認為沒有這種函數存在。事實上，只是和自己所想的函數印象不吻合而已。

## ◆給予迪拉克理論數學根據的修瓦茲的分布函數

迪拉克自己也無法對這個函數建立數學理論。不知道是不是因為使用起來很方便，覺得很適合，因此，迪拉克說了這句話，不過

★**高斯**

↓參照一五八頁。

★**迪拉克**

（一九〇二～八四年）英國的理論物理學家。進行關於量子論的研究，預言質子（反電子）的存在。一九二八年提出迪拉克量子論，被用於大家所知道的相對論中。一九三三年，和因波動力學而著名的奧地利物理學家休雷丁加一起得到諾貝爾物理學獎。

更早之前就有人說「只要適合就好」。

那個人就是，因爲**運算微積**而著名的劍橋大學電氣老師**黑比塞德**。

有數學家對黑比賽德老師說：「你的理論根本就很草率。」他則說：「只要適合就好。」遭遇相同的二人，竟然心意互通。

理論上處於劣勢的迪拉克，卻遇到了能夠了解他、直到現在依然閃耀光彩的數學家**修瓦茲**（法國）。『布爾巴吉』數學家團體的創設者修瓦茲，在思考函數空間上的分布函數時，給予迪拉克的$\delta$理論的根據。

## ◆實際上數學和社會及自然具有密切關係

這個理論已經發展到超函數的範圍。在超函數的世界思考微分，將黑比塞德的函數微分時，就會發現變成了迪拉克的$\delta$函數。歷史真的是非常有趣。

修瓦茲因此而得到堪稱數學諾貝爾獎的**費爾茲獎**，不過獎金卻完全不一樣。相信大家一看就可以知道哪個獎金比較少。

很多人認爲，數學家只研究數學，甚至是與社會隔離的人，但這是錯誤的想法。期待物理或化學能夠直接回應時代的要求，因此

**★運算微積**
以機械方式解析線性常微分方程式的方法。

**★黑比塞德**
（一八五〇～一九二五年）英國的電氣工學家、物理學家。正確的預測大氣中的電離層的存在。此外，認為因為有電離層，無線信號才能夠沿著地球的曲面傳播。

我們很容易了解它們和社會、自然的關係。

數學使用在物理或化學上，仍然可以保持與社會、自然的關係，只不過它並不顯眼而已。

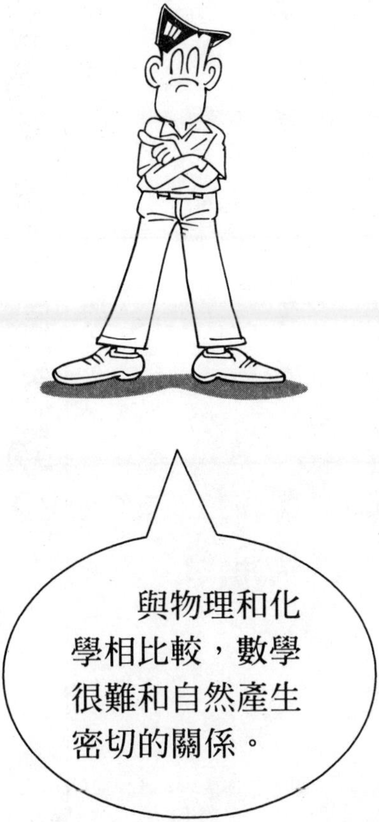
與物理和化學相比較，數學很難和自然產生密切的關係。

mathematics 7

# 羅馬教會為什麼討厭科學？

為了維護自己的權威而討厭科學的時代

## ◆宗教討厭科學嗎？

基本上宗教是討厭科學的，因爲會危及自己的權威。

但是，「討厭科學」會因各宗教的不同而有不同。現在所使用的化學物質的名稱，有很多語源是來自阿拉伯文，所以，回教世界並不討厭科學。

此外，釋迦牟尼也稍微了解一些數學。佛教的經典相當完善，佛教所想的各種世界之間，也會形成時間單位的差距。例如，織田信長經常說的「人生五十年，與下天相比，如夢幻一般」。所說的下天，只不過是與這個世界不同的地方。佛教告訴我們，那個時間和現世的時間單位是不同的。亦即時間進行的速度不同。這就好像是進行單位的變換一樣，所以，佛教也具有一些比率的構思。

而羅馬教會（基督教）又如何呢？他們似乎非常討厭「數學」。

## ◆想要杜絕希臘數學根源的基督教徒

在希臘的懷疑性、嚴密性之下所培養出來的數學，隱藏在羅馬時代巨大土木建築的背後，無法以自然形態傳承下來。那是因爲天才數學家**阿基米德**被羅馬軍殺害的緣故。

當時在希臘的城市，利用阿基米德所製造出來的各種道具，防守羅馬軍的攻擊。

例如，使用槓桿的道具，可以充分推翻羅馬的軍船。但是有一天晚上，城鎮遭遇奇襲，被攻陷了。當時奉命殺死阿基米德的羅馬士兵，聽到阿基米德說：「能不能離我的圖形遠一點？」然後就殺死了他。當時阿基米德七十五歲。

★阿基米德
↓參照六十五頁。

狂熱的基督教徒想要遏止希臘數學的根源。對基督教徒而言，活在希臘神話世界中的希臘人，就像是異教徒。羅馬以基督教爲國教，因此，不允許有異教徒存在。

在亞歷山大大學教數學的女性數學家**芭比奇雅**，她因爲美麗而且博學，吸引了很多學生前來。但是，不承認異教徒權威的狂熱基督教徒逮捕了她，在教會中殺死她。至此，希臘的傳統數學喪失，隨著歐洲的黑暗時代而消失了。

## ◆羅馬教會依政治狀況的不同而放鬆了限制嗎？

開始支配有希臘文明存在處的回教徒，經商的能力卓越，藉著和各國交流而吸收了定位記數法，以及解析二次方程式等的**代數**。像因爲**算法**（Algorithm）而名留青史的**雅歌里茲米**，還有因爲寫下詩集魯拜集而著名的**莪默伽亞謨**等，著名的數學家輩出。印度的定位記數法稱爲阿拉伯數學，有很多阿拉伯人使用定位記數法。

但被視爲是異教徒的阿拉伯人的記數法，羅馬教會當然不允許這一類的數學出現。認爲定位記數法中有惡魔存在而禁止使用。

關於這一點，只要看女性數學家被殺死的事情就容易了解了。不過，這件事情卻造成一般市民的困擾，因爲使用定位記數法相當方便。因此在禁止使用下，義大利的商人仍然會使用定位記數法。例如因爲「**菲保納奇數列**」而留名的菲保納奇也是商人，他還寫了關於定位計算法的教科書。

**★菲保納奇**
↓參照八十頁。

看了此書，大家會認爲羅馬教會對科學的態度相當冷淡，不過世界並非如此單純。羅馬教會有時會因爲政治狀況的不同而強力鎭壓或加以忽略。

新教和舊教，到底何者的頭腦較爲頑固呢？當然是新教比較頑固。那是因爲世界歷史中的羅馬教會（舊教）比較能夠融於世事當中。

想調查哥白尼理論的也是羅馬教會。製作正確的曆法也是爲了維護權威，所以非常在意關於天文方面的事情。

## ◆打算埋葬異教徒科學和文化的舊教國家

在大航海時代，想要全然否定異教徒的科學和文化，埋葬其痕跡的，與其說是羅馬教會，還不如說是西班牙等的舊教國家。

二〇〇〇年三月十二日，在梵諦岡的聖彼得廣場，羅馬法王約翰保羅二世對於以往允許迫害猶太人、進行宗教審判，以及十字軍遠征等羅馬教會所犯的罪全都承認，進行向神乞求原諒的告白。看來，教會有時也必須要改變。

羅馬教會並不是永遠都是非科學的，也有人能夠製造正確的格里曆（陰曆）。

mathematics 8

# 被希特勒討厭的數學家

## 藉著希特勒之手，徹底鎮壓猶太數學家

### ◆將德國的數學研究推上世界頂尖地位的高斯的業績

在研究數學方面，原本一直輸給英國、法國的德國，由於**高斯**的出現，而一躍成爲留下頂尖業績的國家。

高斯是格廷根大學的教授。

有很多來自美國的留學生在格廷根大學研究數學，在高斯以後締造了輝煌的歷史。高斯晚年的弟子**黎曼**所創造的幾何學，使得**愛因斯坦**完成了「**相對論**」。不光是如此，同時也留下了積分和現代數學的重要概念。

### ◆希特勒對於數學家的鎮壓

格廷根大學因爲**希特勒**的政策而遭到破壞。猶太人陸續被迫離開公職，而擔任數學研究所所長的克蘭特也捲入騷動事件中。他在第一次世界大戰時從軍，原本應該符合除外事項，但是，卻不能夠擔任所長。

當時是一九三三年，非猶太人的數學家**畢巴爾巴哈**發表演說，

★高斯（一七七七～一八五五年）德國的數學家、物理學家、天文學家。證明「所有的代數方程式，至少都有一個根」。為了證明這個定理，又有許多數學家對此挑戰，但是都無法證明這個定理，堪稱為代數的基本定理。此外，他也因為研究電磁氣學而著名，例如表示磁通密度（磁感應強度）的單位就是高斯（記號為G）。

這個政策結果勒緊了希特勒的脖子，與方諾曼、克蘭特等許多數學家為敵，必須與他們作戰

支持在格廷根大學所發生的納粹派學生拒絕上猶太人數學家的課。當時身爲柏林大學數學教授的他，認爲人類類型說可以用在研究數學。

人類類型說是指，一個類型爲「真正的德國人」，另外一個則是「法國人與猶太人」。畢巴爾巴哈認爲，並非猶太人的科來恩以及希爾貝爾特等數學家所建立的數學，可以視爲德國數學的偉大功績，想藉此擊潰猶太後裔的數學家所建立的抽象數學。因此公開演說，支持拒絕上猶太人數學家的課。

此外，在納粹派學生一些年輕的數學家中，也出現了優秀的數學家，例如留下「**泰希米勒空間**」這個著名概念的泰希米勒等人。

格廷根大學具有向政府進行政治抗議的傳統，不過也只有這個時候認爲對方不好，並非猶太人的人如果想要保護猶太學者，就會被納粹派的學生或數學家爭相圍剿，被迫辭職下台。

## ◆結果變成勒緊自己脖子的希特勒的政策

希特勒的政策，結果勒緊了自己的脖子。美國東海岸得到諾貝爾獎的學者，不光是猶太後裔，還有與猶太人結婚的人，以及討厭希特勒政策的人，甚至還包括了對於製作原子彈具有決定性影響力的**方諾曼**在內。

被迫辭去數學研究所所長之職的克蘭特，也非常努力的在美國研究數學以及發展應用數學。

德國必須和被自己趕走的人所提升的美國科學作戰。不光是原子彈，各方面都變成與世界頭腦爲敵的情況。

mathematics

# 9 製造原子彈的數學家

## 希望完成原子彈而引發激烈戰爭的德國和美國

### ◆美國比德國先製造出原子彈！

即將爆發第二次世界大戰時，當時美國的物理學家們，認識德國國務卿親戚的物理學家，他是一位核分裂專家。

因此，一定要比德國先製造出原子彈來。首先必須說動當時的總統羅斯福才行。負責這項任務的，則是逃離希特勒、排斥猶太人政策的**愛因斯坦**。利用他的知名度，讓羅斯福了解納粹有可能會製造原子彈，終於，美國先完成了原子彈。

很多人認為愛因斯坦是製造原子彈的人，但是，若要說他與製造原子彈的關係，也只不過是成功的與總統見面，讓羅斯福趕緊做出判斷，進行原子彈的製造和研究。

結果在洛斯．阿拉莫斯沙漠設立了研究所，由**歐朋海馬**擔任所長，聚集在此處的物理學家、數學家，各個都是天才級的人物。

數學家**方諾曼**也是其中之一。他原本是匈牙利人，後來移居德國，在柏林及漢堡等大學授課。後來因為希特勒的反猶太人政策而

★**歐朋海馬**（一九〇四～六七年）美國物理學家。在關於量子論或相對論、宇宙射線、質子、中子、重力毀壞的研究方面留下業績，指揮核武的開發（曼哈頓計畫）。

遠渡美國，在普林斯敦高等研究所工作，於一九三七年取得美國公民權。

★方諾曼
↓參照一二九頁。

## ◆締造「遊戲理論」等許多業績的方諾曼

現代數學任何一方面都受到方諾曼的影響，他是個博學多聞的天才。像**遊戲理論**、**蒙地卡羅法**，以及關於電腦方面的Neumann's concept（只是先在電腦中輸入語言程式，接著按照這個文法寫程式，電腦就會遵從自行將其翻譯成機械語的命令，以展現行動的方法），留下了很多業績。

一九四一年十二月攻擊珍珠港之後，從事與國防工作有關的方諾曼，進行在流體力學方面稱爲衝擊波的波的研究。

利用超音速的飛機在遇到水泥牆時所產生的特殊波，製造出衝擊波。如果利用超音速的飛機低空飛行，則地上的建築物將會蕩然無存。由於他對衝擊波的知識，因此，成爲製造原子彈的決定性關鍵人物。

注意到方諾曼關於**流體力學**知識的洛斯．阿拉莫斯所長歐朋海馬，聘請方諾曼擔任研究所的顧問。

★**流體力學**　靜止或運動中的流體的流動，以及處理應用流體工學的應用裝置的物理學。

這是必須高度保密的研究所，而他則是少數可以不必住在洛斯．阿拉莫斯的科學家之一。

### ◆使原子彈爆炸的技術「聚爆技術」與「砲擊法」

當時讓原子彈爆炸的技術有二種可能性。一種是聚爆技術，另外一種就是稱爲砲擊法的技術。

聚爆技術，是藉著與普通爆裂物爆炸時所形成的衝擊波，將可能進行核分裂的物質壓縮到臨界狀態，也就是引起核分裂狀態的技術。最初主張在可能進行核分裂的爆裂物周圍使用這個方法的，就是洛斯．阿拉莫斯研究所的**尼達邁亞**，但是，他的主張卻被研究所的主要科學家忽略。而砲擊法則得到壓倒性的支持。砲擊法是利用砲擊的方式，讓可能引起核分裂的物質互相衝突，形成臨界狀態的方法。

研究衝擊波的方諾曼，對於普通爆裂物的排列法相當熟悉，因此成功的說服了研究所的主要成員。

實際上，關於聚爆法的流體力學方程式，要以雙曲型的偏微分方程式來表現，而當時的數學還無法進行這個方程式理論上的解析。之所以無法利用數值解析來解答，是因爲電腦不像現在這麼發達，只能由二十名成員利用桌上型電子計算機努力計算，可是這樣根本來不及。當時進行這種計算的人被稱爲「電腦」。

## ◆使用IBM的機器進行計算……

後來IBM登場。打算利用IBM製的打孔卡式會計裝置來計算聚爆。像要進行積分的一個步驟，就需要打孔卡束，其結果，又會形成新的打孔卡束，放入IBM特製打孔卡式會計裝置中。

現在想想，這真是麻煩的作業。同時藉著電子計算機隊來檢查結果，的確是很辛苦的作業。

這些天才爭相討論，電子計算機隊和IBM會計機械到底何者比較適合，結果，在中途電子計算機隊太過疲累而輸了。這和稱爲計算機之父的十九世紀英國人**查爾斯・巴貝吉**所做的**差分引擎**，情況完全相同。

巴貝吉所做的機械，與人用手計算的速度幾乎完全相同。但是機械不會累，所以不會出錯，但是人會累，因此如果速度相同，則使用機械比較好。

IBM機械原本並不具有洛斯・阿拉莫斯研究所所需要的能力，因此，要求IBM製作比現在快三倍的打孔卡式處理裝置，結果在一九四四年年末終於完成了。

★**查爾斯・巴貝吉**（一七九二～一八七一年）英國數學家。發現成為現代電腦先驅的機械式計算機的原理。

但是，方諾曼發現這個機械並不完善，覺得必須要有處理能力更高的計算機，因此，對計算機的系統也很感興趣。他收集來自於全美關於計算機的資料，獲得了兩個計算機MARKI與ENIAC的知識。

## ◆ENIAC的計算機實現方諾曼的理論！

堪稱實現巴貝吉夢想（Babbage's dream comes true.）的MARKI，是以哈佛大學的**愛肯**為主，在海軍的協助之下，由IBM所製造出來的程式控制式接力計算機。一九四三年一月開始啓動這個計算機，洛斯．阿拉莫斯的科學家們，希望它能夠解答出一九四四年衝擊波的偏微分方程式的數值。但是，MARKI無法符合方諾曼的要求。

方諾曼對ENIAC有深入的研究，這是由賓州大學的**愛卡特**和**默克里**企畫出來的，然而等到完成時，第二次世界大戰已經結束了。

不過在方諾曼的提議之下，一九四五年十二月和翌年一月，使用ENIAC計算熱核彈，也就是氫彈的預備研究。結果，醉心於氫彈的洛斯．阿拉莫斯的物理學家，藉此得到自信，相信可以靠著自己的理論製造出熱核彈。而且實際上也完成了氫彈。

這個研究所後來出現了高斯等最尖端的研究者，而且直到現在，仍然是美國最尖端的科學研究所。

計算機的開發，可以說是戰爭造成科學技術發展的典型例子。堪稱是由戰爭培養出來的電子計算機，現在正保護著我們的生命。

殺人的技術和救人的技術是相同的，因此科學技術的價值，是由使用者來決定的。

# 10 突破音速障礙的老師與學生

飛行技術也使用原子彈理論

mathematics

## ◆接受許多猶太數學家的美國

**克蘭特**因爲希特勒政策而被趕出格廷根，最後遠渡美國。他也是猶太人數學家，所以救助受納粹迫害的德國數學家，接他們到美國，不過有些學生卻不願意到美國。

像認爲不需要逃離希特勒的害羞德國數學家**夫里德里克斯**就是其中之一。了解他應用數學能力的克蘭特，想到紐約大學要成立以應用數學爲主的研究所，認爲夫里德里克斯是最佳人選。

事實上，夫里德里克斯也有移民的理由。因爲他已經到了徵兵的適齡期，不過卻和猶太女性相戀。但是，他覺得在美國的生活，經濟不穩定，所以不願意到美國。

因此，克蘭特爲他謀得了紐約大學應用數學教授之職。所以紐約大學聚集了融入高斯派的三位格廷根數學家，克蘭特、**漢斯雷比**和夫里德里克斯。這在當時可以說是世界上最棒的成員，領導著美國的應用數學。

## M 一旦超過音速將會如何呢？

製作超音速飛機 → 形成具有高能量的波

↓

一旦碰到這個波，飛機就像撞到水泥牆一樣，會遭到破壞

喀～
這種科幻電影的場面，也是利用高能量的波製造出來的。

一九四一年在羅斯福總統的政令之下，成立了「科學研究開發局」（OSRD），利用這個組織統合軍事的研究。

克蘭特基於應用數學的立場，使得紐約大學的數學研究所和OSRD同步，對軍事研究具有重要的貢獻。

一九四二年，克蘭特在紐約大學舉辦「**穩定衝擊波**」的座談會，因爲他對格廷根的數學家黎曼的先驅研究很感興趣。

## ◆超過音速時的衝擊將會如何？

這個研究，對於設計超音速飛機而言，具有非常重要的影響力。超音速會形成具有高能量的波，遇到水泥牆時，飛機本身就會遭到破壞。

就像是拍特技電影，氦飛過時，下面的大樓會遭到破壞一樣。

舉行「穩定衝擊波」座談會的這一年十二月，克蘭特在華盛頓偶然遇到了方諾曼。在原子彈爆炸技術方面，方諾曼提出利用聚爆法，也就是衝擊波引起核分裂連鎖反應的爆炸方法。

當然，他並沒有把這個國家機密告訴克蘭特，但是，卻向他保證，自己所做的實驗的結果，會透過共同研究者海軍武器班的雷蒙席加告訴他。

這就是克蘭特和夫里德里克斯製作『**衝擊波便覽**』的關鍵。
後來，克蘭特和夫里德里克斯因爲**方諾曼**提供給他們的聚爆法結果，而重新認識了「穩定衝擊波」的重要性。

★**方諾曼**
↓參照一二九頁。

通常波是利用雙曲型這種偏微分方程式來表現。克蘭特和夫里德里克斯兩人，繼續研究這個數學的基礎理論方程式，計算若是超過音速時，何種情況下會引起何種衝擊波，製作成便覽。

## ◆方諾曼的原子彈理論成為超音速氣體力學的數學基礎理論

這項工作，決定性的一點就在於，該如何設計自己所引起的衝擊波才不會破壞飛機本身。兩個人並不是設計飛機的專家，但若是沒有這個衝擊波基礎理論的研究，則航空力學的專家也無法設計出突破音速障礙的飛機。

研究數學基礎理論的重要性，在此處已經表現出來了。克蘭特已經早就看穿了任何事都以能夠立刻得到利益爲優先考慮的美國人，因此，夫里德里克斯更努力進行一般衝擊波的基礎理論研究，成爲這一方面的專家。

方諾曼等人的原子彈爆炸理論研究，影響了**超音速氣體力學**（流動空氣超過音速的研究）的數學基礎理論。甚至發展爲利用超

音速噴出氣體的火箭噴射理論。

克蘭特等人，也對方諾曼等人的原子彈設計，造成了決定性的影響。

## ◆希特勒身邊的人所完成的各種軍事理論

當時擔任紐約大學數學教授的**富蘭達斯**，以計算部長的身分參加洛斯·阿拉莫斯研究所，爲了使方諾曼等人所開發的聚爆法被實際應用，因此，進行方程式的計算作業。

這個計算作業，是利用數值來解析複雜的**偏微分方程式**，必須將時間和空間細分，形成**遞增式**，按照計算數列的要領，利用下一個點所得到的資料進行計算，反覆這個龐大步驟。

當時能夠進行這個作業的電腦還未完成，所以，作業途中會出現計算誤差現象。

根據克蘭特、夫里德里克斯以及雷比三人在一九二八年所寫的「雙曲型方程式的數值解析」論文，利用富蘭達斯等人的計算方法，就可以解答出方程式的數值。

波是以雙曲型的偏微分方程式表現出來。衝擊波也是波，因此，當然也可以使用敘述波移動的雙曲型偏微分方程式的理論。

**遞增式**

例如等比數列，
n 項 $a_n$ 乘上 r，
就可以得到 n+1 項 $a_{n+1}$。
$a_{n+1}=ra_n$
利用前一個數列項，就可以表示出後一個數列項的式子。

如此一來，就能減少計算誤差。

方諾曼、克蘭特、夫里德里克斯、雷比，全都是從希特勒身邊逃到美國的人。他們在轟炸的基礎理論、原子彈、飛行技術以及可以應用於軍事的所有範圍，都相當活躍。

希特勒破壞猶太人的政策趕走了這些人，這才是戰爭失敗的真正原因。

mathematics 11

# 歐朋海馬的悲劇和卓別林

因為反戰行動而遭受處罰的兩名天才

★歐朋海馬

↓參照一六二頁。

## ◆物理學家和卓別林的關係？

歐朋海馬是眾所周知的物理學家，而卓別林則是超級電影明星。兩個人有何共通點呢？

事實上兩人都已經作古了，而使這兩個人具有關連性的人物，就是美國參議院議員麥卡錫。

「**麥卡錫旋風**」就是在中國形成共產主義之後，認爲其責任來自於以前美國的政策，因此，要將政策負責人以及幫助這些政策的民主思想文化者除去公職的一連串行動。很多科學家、文人都成爲這股旋風的犧牲者。

卓別林則是因爲製作了反戰電影，從參議院的公聽會被趕出了美國。

歐朋海馬是開發原子彈的主要人物。與其說是主要人物，還不如說是爲了開發原子彈而建立的洛斯．阿拉莫斯研究所的首任所長。這個研究所以開發原子彈爲目的，所以形同軍事研究所，當然

## M 如果國家之間不能相互合作……

| | |
|---|---|
| 卓別林 | 因為製作反戰電影<br>而被趕出美國 |
| 歐朋海馬 | 因為拒絕協助開發氫彈，<br>被迫卸下公職 |

也接受美軍的管理。在大規模的研究所和軍事有關人士以及科學家一起研究，這是以往大家都沒有經驗過的事。

注重規律的軍事人員和從沒想過規律的科學家在一起。科學家認爲發表研究是理所當然的事情，有自由議論的特徵。而交戰國的科學家也是如此。

## ◆被CIA竊聽的歐朋海馬！

現在到國際學會，經常可以看到以色列和阿拉伯的數學家親密的交談。但是，軍事相關人士，卻沒有辦法接受這種開放的想法。要調和兩個不相容的團體，身爲管理者的歐朋海馬筋疲力盡，不過，終於成功的開發了原子彈。

後來，世界進入新型炸彈的研究競爭，史達林也擁有原子彈的黑色小盒，與美國相對抗。

其次就是氫彈。美國政府爲了開發氫彈，想請歐朋海馬博士移到普林斯敦的研究所，但是遭到拒絕。爲何他拒絕開發氫彈？理由不得而知。不過原因之一，一定是因爲氫彈會帶來莫大的悲劇。麥卡錫認爲歐朋海馬不協助開發氫彈，是不願意協助美國成爲強國的表現，他無法原諒歐朋海馬的行爲。

於是歐朋海馬被請到參議會的公聽會，想要找出他對國家不利的證據。在開發原子彈時，他家被CIA竊聽。幾月幾日，誰到他家拜訪，在電話中所商談的機密事項，和誰商談，全都被竊聽。結果他被迫卸下公職。關於研究，科學家開放的態度以及必須保持國家機密的矛盾，造成了歐朋海馬的悲劇。

不只歐朋海馬遭到竊聽，事實上，洛斯．阿拉莫斯研究所所有的科學家都遭到竊聽。

現在軍事研究的相關論文都成爲國家機密，不能公開的機密相當多。像在洛斯．阿拉莫斯的天才數學家**方諾曼**的論文，就是典型的例子。

自己所開發的東西到底具有什麼責任，將是科學家永遠的課題。

★**方諾曼**
↓參照一二九頁。

mathematics 12

# 電腦的開發與戰爭

## 促進電腦發展的美國和蘇維埃的軍事開發競爭

### ◆最初能夠進行四則計算的計算機

最初電腦是用來做什麼的呢？

提到電子計算機，就會想到說出「人類是會思考的蘆葦」這句話的天才**帕斯卡**，擔任稅務人員的父親爲了他所製作的齒輪計算機，相當的著名。

**萊布尼茲**是個哲學天才的數學家，也製作過齒輪計算機。帕斯卡的計算機只會加法和乘法，而萊布尼茲的計算機，則是加減乘除四則計算都會。

★萊布尼茲
↓參照六十五頁。

我就讀大學時，只會四則計算以及求平方根的電子計算機就要賣十萬日圓。當時的十萬日圓是非常大的數目，一碗拉麵才一百日圓，岩波新書只要一佰五十日圓。

當時到圖書館使用萊布尼茲型的齒輪計算機寫實驗報告的學生，相信都記憶猶新吧。

真正的電腦，是英國人**查爾斯・巴貝吉**所做的差分機。把法碼

★查爾斯・巴貝吉
↓參照一六五頁。

當成動力來使用，藉著與人類相同的計算速度來移動。也許你會認爲和人類的計算速度相同沒什麼幫助，不過機械不會疲累，這才是最珍貴的一點。

巴貝吉想到可以使用打孔卡式的計算機。他有著與製作現代電腦同樣的想法，計畫製作具有演算以及記憶裝置、稱爲解析構造的計算機。

## ◆趕不上設計圖的開發技術

巴貝吉的計算機聚集了當時眾人的期待。到了大航海時代，貿易已經變成了遠程航海，爲了航海，必須觀測星星的位置以找出自己的位置，這在當時相當辛苦。

從觀測到計算自己船的位置爲止，要花一個小時。還是使用三角函數等數表來計算，但是有很多錯誤。巴貝吉的計算機，就是爲了得到正確的數表而製作出來的。英國甚至提供資金給他研究。

巴貝吉的想法很有先見之明。爲了按照他的設計圖製作零件，因此必須先製作工作機才行。但是，他的助手卻拿著工具逃走，結果解析機就沒有完成。哈瓦德大學的**愛肯**完成了Ｍａｒｋ系列之後，巴貝吉的夢想才得以實現。

## ◆促成電腦大發展的還是「戰爭」

大航海時代以後，數表的需要再次增加，是在第一次世界大戰前後。因爲必須計算大砲的彈道。大砲是爲了幫助我軍的軍隊從後方攻擊敵人的戰地。與敵人的距離，則因大砲所設置的位置不同而有不同。如果和敵人之間有小山丘，就必須越過山丘攻擊。雖說以四十五度角發射的距離最遠，但或許中途會遇到山丘。

使用大砲時，必須完全釐清這些問題，使用配合各個大砲特性的數表來決定大砲的角度，斟酌砲彈的火藥量，可以考慮各種情況來製作適當的砲彈。我的叔父在參加中國戰線時是將校，他曾說：不懂數學的人無法操作大砲。

製作數表需要緊密的計算和實驗。ballistic research這個範圍是爲了計算彈道而發展出來的，美國則特別由陸軍的ballistic research laboratory和海軍出資，加速開發計算彈道的電腦。當時是利用電話所使用的繼電器計算機。繼電器式的計算機不是電子計算機，而應該稱其爲電氣自動計算機。

## ◆現在的電腦理論也是方諾曼建立的嗎？

一九四四年，方諾曼、默克里等完成了真空管計算機ＥＮＩＡ

## 最初的數字只有些許的差距……

帕斯卡、萊布尼茲 → **齒輪計算機**（就像簡單的電子計算機）

查爾斯·巴貝吉 → **差分機**（與現代電腦的構想相同）

**真正的電腦開發是在數表的需要增加的第一次世界大戰以後**

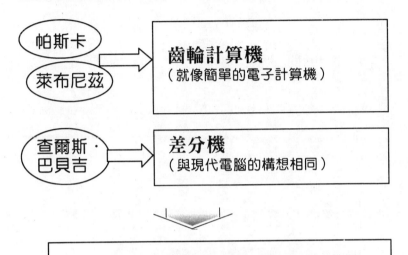

C。

ＥＮＩＡＣ可說是世界上最早的電子計算機，在當時那個時代，號稱具有劃時代的計算速度。後來默克里等人取得了ＥＮＩＡＣ所使用的技術專利，但其實是模仿他人。

看到這麼巨大的電腦，每個人都認爲可能無法運作。實際啓動之後，真空管的發熱現象相當嚴重，必須靠著巨大風扇冷卻。輸入程式時必須更換配線，而且輸入程式就要花三天，計算則要花一小時，看起來很不方便。

方諾曼爲了解決這個不方便的問題，因此將稱爲Neumann's concept 的 storedprogram 想法變成事實。事先將FORTRAN, PASCAL等程式輸入電腦，然後按照其文法製作程式。

電腦閱讀程式，將其翻譯成機械語，現在視爲理所當然的概念，事實上是由方諾曼這個天才頭腦所想出來的。

由於電腦的發展，因此方諾曼能夠將自己所開發的**蒙地卡羅法**，也就是使用隨機數的思考實驗運用自如，成功的實用原子力發電。

美國的方諾曼和蘇維埃的盲人數學家**旁特里基**，這兩人堪稱是美蘇兩國軍事開發競爭的象徵。

**ENIAC的規格**

| | |
|---|---|
| 真空管 | 18,000 根 |
| 電阻 | 70,000 根 |
| 電容器 | 10,000 根 |
| 150 千瓦 | |
| 大小 | 15,000 平方英尺 |
| 重 | 30 噸 |

mathematics 13

# 數學家也相當活躍的「大和」與「零戰」

## 日本很多數學家加入軍事研究的行列中

### ◆在日本，沒有誕生對戰爭有幫助的數學嗎？

並沒有聽說過日本的數學家對於戰爭有所幫助。

明治維新之後，日本吸收西方數學，很少人進行對戰爭有幫助的數學。

我從恩師那兒聽到了在第二次世界大戰時，芬蘭的數學家**雅爾福斯**和日本數學家**清水辰二郎**的事情。兩個人都是在複變函數論方面相當優秀的研究者，雅爾福斯是堪稱數學諾貝爾獎**費爾茲獎**的第十屆得獎者。

兩個人初次見面時，雅爾福斯將清水辰二郎名字的開頭字母S用在函數的名稱上，而清水則將雅爾福斯名字的開頭字母A當成函數名稱來使用，對於這個偶然的巧合，兩個人都驚訝不已。

### ◆零戰具有致命的缺點！

軍方必須進行與戰爭有關的研究，不管在哪個時代都是如此。

例如**阿基米德**，也將其才能用在製作武器上。日本也有很多優秀的

**★阿基米德**
↓參照六十五頁。

學者，但是並沒有人進行軍事研究。因爲沒有進行這一方面的研究，所以不能稱爲「零戰」或「大和」。

調查零戰的美國技術家，認爲結論應該是，雖然有優良的飛機，但並沒有能夠保護飛行員的裝置。保護飛行員背後的鐵板不夠厚，是因爲引擎力量不夠大而必須盡量減輕重量的緣故。

物資缺乏，戰艦也只能夠製作到必要的最低限度而已。第二次世界大戰時，每個日本軍艦船員的居住空間，巡洋艦爲一・六$m^3$。如果不是戰艦級，就無法確保二$m^3$以上的空間。雖然想要有和美軍同樣的作用，但也只有毅力上能達到要求。不過毅力上無法一直持續下去，因此只好使用替代的人。只有人能夠替代了。

## ◆集結許多數學家頭腦的「戰艦大和」

「大和」的引擎基本技術，和鞏固艦側壁的超鋼鈑等打造技術，都必須自行開發。因此，製作這樣的戰艦，不能算是很棒的技術。前海軍技術少校福井靜夫就曾說：「事實上，大和的驕傲不在於它的大，而是在於它的小。」

這一番話的確有值得學習之處。事實上因爲物資缺乏，因此無法強化戰艦的力量。不過小的裝備卻能夠盡量納入各種設計，這就

飛機本身優秀，但是保護飛行員的鐵板卻不夠厚。
狹小的空間卻搭載了高性能引擎的大和船艦，的確是集結了許多數學家的智慧！

是大和的優點所在。這樣的設計需要嚴密的計算，數學家當然要負責支援。

通常，數學都活躍於比較不顯眼的地方。要將戰艦設置大型大砲的地方和不允許有一毫米差距的螺蛇槳精密部分擺在一起，的確相當複雜。如果螺蛇槳有些許的差錯，其振動就會影響到整體而破壞整個船艦。沒有電腦，就無法實行這個嚴密的數值計算，因此討厭精神論的我，也不得不依賴精神論。

日本的確具有優秀數學家的傳統。

# 〔PART5〕
# 權力者與數學

★占卜與數學

★馬雅的天文學與曆法

★古代建築

★鸚鵡螺的漩渦

★畢達哥拉斯不是數學家嗎？

mathematics 1

# 日本數學的情況

## 雖然有具能力的數學家，但是為何發展遲緩？

### ◆日本的和算和歐洲的數學是不同的東西嗎？

明治以前，日本有很多優秀的數學家。被稱爲**和算家**的人當中，也有一些人是天才。

雖說是天才，但還是逃不出日本人的框框，這是什麼意思呢？意思是說對日本的科學思想、科學感到懷疑，但是，卻無法脫離日本的思想範圍。

和算家以學習藝術的想法學習和算，其理論成爲各派的秘密，無法寫成教科書。提到和算，就像茶道、花道、煉刀一樣，是日本按步就班傳授的「藝術」。和把牛頓的理論印刷成爲流通書籍的歐洲數學完全不同。

### ◆西方數學家與和算家的差別

西方數學家與和算家的差別，可以從以下的傳聞看出。

法國革命的主導人物狄德洛，在數學方面並不拿手。他有一次在俄羅斯女王愛卡緹里娜面前，和大數學家**歐拉**談話。歐拉是一位天才數學家，他寫了太多論文，因此一隻眼睛失明，而另外一隻眼睛弱視。當時歐拉問狄德洛：

「(a+b) / n=x，Done Dieu existe，repondez!（誰要你回答！）」

叼著煙的狄德洛無言以對，當場憤而離席。這當然是歐拉的拿手絕活。雖然狄德洛受到女王喜愛，但他是個無神論者，這一點歐拉不喜歡。信神的歐拉想要藉此諷刺無神論的狄德洛。

很多優秀的數學家都是虔誠的基督教徒。研究數學基礎論的學者反而感覺到人類的無力感，因此很多人信仰神。

## ◆對荻生徂徠說「無用」的和算家

和算家經常會說「無用之用」。享保二年，和算家曾對荻生徂徠說：

「關於數學應該多方學習。然而現在的數學家卻設了種種的奇巧，對於自己的精微引以爲傲。事實上這對世人來說完全無用。」

被指出這個情況，卻又無法加以反駁。技術革新和自然科學不容易了解，以學藝術的方式學習和算的和算家，當然不會真正的數學。

西方的數學家歐拉等人則很有自信，認爲自己了解自然的本質

，和算家對於了解本質的想法則完全沒有自信。

和算家當中，也有很多有骨氣的人。例如，**藤田貞資**（一七三四～一八〇七），對於沒有任何幫助的和算精微競爭風潮，他是這麼說的：

「無用之無用，看近時的算書，題中混雜虛線相，入平立相。是迷數暗理，棄實走虛……。」

這是他所寫的『**精要法**』的序文，這個觀點，在現在仍然非常適用。像「迷數暗理，棄實走虛」這一節，對研究現在數學的我們來說，的確是當頭棒喝，證明了本質上人類並沒有進步。即使有優秀的和算家，但還是難以改變時代的潮流，整體的潮流仍然趨向藝術，並不能成爲自然科學。

## ◆從自然科學中孤立成長的和算的悲哀

江戶中期的天才**關孝和**，和成立微積分的**牛頓**、**萊布尼茲**是同一時代的人。有人說關孝和即將到達微積分的境界，所以應該和牛頓具有同樣的業績，意思是說他也會微積分。但這只是日本人的想法而已。和算開發出使用**圓理**這種無限級數的**極限演算**，雖然能求得圓的面積，但是，卻無法求得一般曲線的面積。**安島直圓**（一七

**★關孝和**　（一六四〇年左右～一七〇八年）江戶前期的數學家。創立使用代數、利用筆算來解答的點竄（一種特殊高等數學，用以解方程式，類似中國古代的天元算法），和算因此有了飛躍的進步。

三三年左右～一八〇〇年）則開發出與現在的**定積分的求積法**相同的方法，而且也可以適應一般的曲線。

雖然有這樣的成果，不過和算還是比西方數學落後，這是因為和算從自然科學中孤立出來，而後獨樹一格、成長的緣故，這也算是和算的悲哀。

關孝和先生曾在我的親戚所管理的寺廟中住過，附近學校的學生偶爾會去看他。我認為不需要將關先生的業績和西方數學加以比較。關先生的影子早就已經傳到我們這一代，他所建立的學問世界絕對有其價值，而且不亞於牛頓或萊布尼茲。

**★定積分的求積法**
將圓形細分割為較容易了解的長方形等以求得面積的方法。

## 2 占卜與數學

mathematics

### 導出行星運動法則的開普勒的才能

提到西方的占卜，大家就會想到占星術。占星術是天文學的基礎。

#### ◆普特雷麥奧斯的占星術

數學家**普特雷麥奧斯**熟悉天文、占星學及地理學。他一二七～一四一年住在亞歷山大，是個謎樣的人物。他的著作非常有名，包括天文學的書籍『雅馬基斯特』，以及占星術的書籍『提特拉畢布洛斯』。都是中世紀歐洲天文學和占星術最重要的教科書。

『雅馬基斯特』，是利用天動說來解析天體活動的書籍，爲了說明行星奇妙的運動，使用以太陽爲中心的**周轉圓**、**偏心圓**概念。令人驚訝的是，除了以地球爲主的天動說之外，他也承認能夠導出相同結論的地動說，這給了日後思考地動說的**哥白尼**很多啓示。

『提特拉畢布洛斯』，是現代學習西方占星術的人必看的書。每次發現新的行星，就必須重新改寫占星術的內容，不過原點『提特拉畢布洛斯』的光輝並沒有消失。

**★哥白尼**（一四七三～一五四三年）波蘭的天文學家。提出太陽是宇宙的中心，而地球一天會自轉地軸一周，同時以一年為週期繞著太陽旋轉的說法。

## ◆以橢圓軌道來表現行星運動的開普勒

不論是普特雷麥奧斯或哥白尼，都對圓很執著。當時的人似乎在圓中看到了無限，因此，想到用圓來表現行星的軌道。

脫離這個想法的則是德國的**開普勒**。出生在宗教改革時期的開普勒，專職是占星術師。他並不是爲了想混口飯吃而從事占星術的工作，而是認爲自己是真正的占星術師，甚至批判不正當的占星術。

★開普勒
↓參照一四六頁。

開普勒支持哥白尼的地動說，繼他的老師**奇克布拉耶**詳細的觀測天體資料，將以往藉著圓運動來說明的行星運動改以橢圓軌道來表示。

因爲經過計算之後，發現應該是橢圓軌道才對。他非常執著於圓運動，所以，絕對不允許橢圓軌道上一邊的焦點有太陽。

不管他再怎麼努力，還是無法使軌道變成圓形，思考球面軌道，發現軌道並不是在圓上，而是在球面上，甚至證明了有六個行星。但是，現在的小學生都知道不只六個。

## ◆伽利略的力學加開普勒的天文學等於牛頓的地心引力

開普勒仔細計算了奇克布拉耶的精密觀測資料，引導出今日行星運動的『**開普勒三法則**』。

第一法則「行星是以太陽爲一焦點畫出橢圓軌道」。
第二法則「定出軌道上行星的運行速度、面積速度一定法則」。
第三法則「諸行星與太陽的距離與公轉週期的關係」。
這三個重要的法則寫在開普勒的著作當中。

以前的人非常偉大。到底何者是正確的，何者是錯誤的，也許需要一些靈感來找出答案。

**伽利略的力學**和**開普勒的天文學**融合，促使**牛頓利用微積分**發現了**地心引力**。

從開普勒的傳記就可以了解其一生。在有許多貧窮孩子的舊教城鎮，新教徒會被欺負，而在新教城鎮，舊教徒會被欺負，唯一安定的職業，就是成爲魯德爾夫二世的占星術師。不過，魯德爾夫二世並沒有付薪水給他。

和一邊提出地動說同時又要上天動說課的伽利略相比，似乎太不懂得掌握要領了。開普勒還寫下了以月世界旅行爲題材的小說「夢」。看了這本小說，很自然的就接受了地動說構造的教育，真是令人覺得很不可思議。

**★伽利略**（一五六四～一六四二年）義大利的物理學家、天文學家。和德國的天文學家開普勒一起掀起科學革命。他在比薩斜塔所做的實驗最為有名。

# M 周轉圓與偏心圓

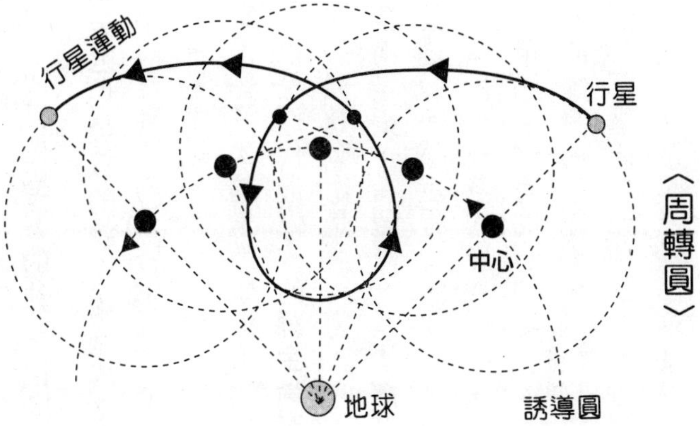


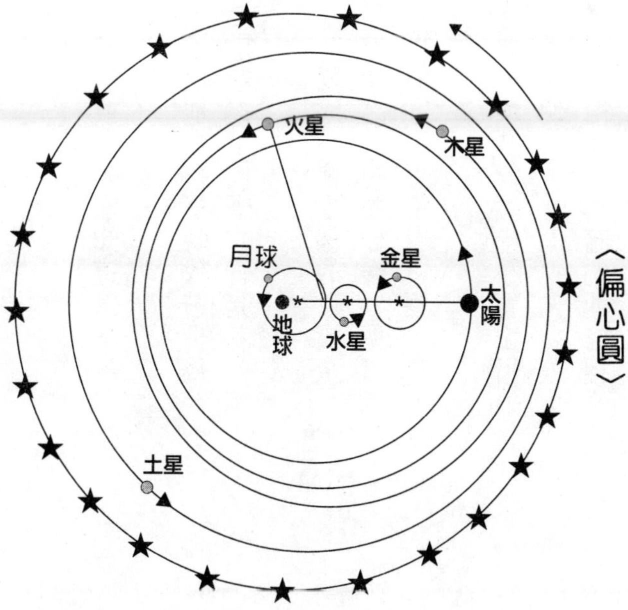

# mathematics 3 鍊金術與數學的關係

## 向自然學習的鍊金術師

### ◆牛頓是近代最棒的鍊金術師嗎？

十年前看到了約翰啓示錄的解說書。相信很多人都知道這本書的作者，就是牛頓。

大家都知道**牛頓**是數學家或物理家，不過他在孩提時代被稱爲魔術師，也是近代最偉大的**鍊金術師**，更是聖經年代學的研究者。不過，他研究鍊金術是個秘密。

鍊金術是指，希望將一些生鏽的金屬，變成不會生鏽的珍貴金屬，尤其是金。這過程中，牛頓注意到了醫藥品而想製作像「聖者之石」這種長生不老的靈藥。中國的秦始皇遍尋長生不老之藥，所以這是很早以前就有的想法。

西方的鍊金術，認爲黑暗是物質的起源。埃及的黑土孕育出所有的東西，認爲原始渾沌的黑暗世界誕生了一切。

埃及的文明就是基於這個想法，認爲鍊金術和從黑暗的死亡復甦的神第一判官奧塞列司相結合，奧塞列司被視爲是鉛。鉛礦含有

★牛頓

↓參照四十六頁。

銀，利用灰吹法從鉛礦石中取出銀，這和把不值錢的金屬變成珍貴金屬的鍊金術想法完全吻合。

## ◆鍊金術師的存在很奇怪嗎？

希臘思想時代的宗教、哲學，與鍊金術思想相結合之處，以埃及的亞歷山大爲主，時間大約是紀元前三世紀。

最初出現在文獻中的鍊金術師，是在三、四世紀時一個叫做**左西莫斯**的人。他打算將他所得到的全部資料寫一本關於鍊金術技術的書。在三世紀時，亞歷山大出現了自稱能夠往來於死者世界與這個世界的希臘神話之神海爾梅斯，被視爲是最偉大的聖者，備受尊崇。很多人來此尋求魔術的起源。

數學也是如此，基督教在中世紀的歐洲已經居於穩定的地位，其將古希臘的思想視爲是異端，當然也把鍊金術當成是黑魔術加以排斥。

在中世紀的黑暗時代，與起於七世紀的阿拉伯世界卻欣然的接受鍊金術的思想。加上**亞里斯多德**著書的影響，以及阿拉伯人喜歡實驗的特性，使得鍊金術開花結果。

經由猶太人的媒介，以及想要將亞里斯多德融入基督教世界的

**★亞里斯多德**
（BC三八四～三二二年）古希臘的哲學家、科學家，與蘇格拉底、柏拉圖都是古代的哲學家代表。

湯馬司・亞基納斯的努力，在阿拉伯世界所孕育的鍊金術和數學，慢慢的進入了基督教的世界中。和方程式的解法同樣的，鍊金術在十五～十六世紀的文藝復興時期相當盛行。首先是義大利人，對於鍊金術、占星術、自然魔術以及天文學、力學、醫學、文學等產生了旺盛的求知慾。

其關鍵之一，在於十五世紀中葉的M・菲奇諾的存在。

他翻譯了海爾梅斯文書等一連串神秘的古代文書，被視爲是自然魔術之祖。十六世紀的鍊金術師帕拉凱爾斯並不是鍊金，而是熱衷於製造醫藥品，被視爲是醫化學之祖。

現在我們以感覺來判斷，從事鍊金術的人全都是不可思議的人，令人覺得有點奇怪。在新月的夜晚取得一些東西，或利用動物的新鮮血液，或收集基督的骨骸等稀奇古怪的東西，拿來烤或煮。不過他們的作法還是很保守的。

**◆要了解自然，不能利用文獻，而是必須向自然學習**

但是，他們的想法是探求物質的性質，在鍊金術的傳統中建立了化學實驗的基礎，發明了很多器具或裝置。

在十六世紀，鍊金術師帕拉凱爾斯想要將文獻註釋當成學問加以改革。他認爲要了解自然，不能利用文獻，而是必須採取向自然學習的態度，累積實驗與資料——某個目的到底需要何種實驗，這一類的想法成爲建立近代科學的思想根據。想法和他一致的，還包括了開普勒、**波爾**以及牛頓。

如果以這觀點來看，建立微積分學，利用**地心引力**使得宇宙法則與地球上法則成爲一體的牛頓，執著於鍊金術也沒什麼奇怪的。

牛頓留下許多業績，成爲造幣局長官，經濟上非常富裕，但是根本不在乎功名利祿，經常與人爭吵。其爭吵的對象是王室協會會長**夫克**，以及爭論誰最先建立微積分概念的**萊布尼茲**，還有首任格林威治天文台台長**夫拉姆司其德**、發現哈雷衛星的**哈雷**，全都是超一流的天才。

也許這些能量對於研究是必要的。

**★波爾**（一六二七～九一年）英國的科學家。對於改良空氣唧筒的空氣性質進行一連串的實驗，並且闡述波爾法則。

# 4 馬雅的天文學與曆法

## 科學能力不亞於現代的馬雅文明？

### ◆令人驚訝的馬雅文明的科學水準

中亞的叢林中突然出現了神殿，而且看到具有陡峭階梯的金字塔——。電視上有這一類的專輯，相信很多人都看過。這個擁有特別的文字，建立高度文化的文明，就稱爲「**馬雅文明**」。

現在的墨西哥、瓜地馬拉以及尤卡坦半島，是主要的中心地，擁有和其他的印度安人不同的獨特文化，和其他的南美文明一樣，最後被西班牙的君士坦丁以及基督教，也就是現在所謂犯罪者和聖職者的混合團體所消滅，不過在西班牙人進入之前，馬雅文明就已經顯現出文明的疲弊狀態。

馬雅文明是在紀元前五世紀形成的，一九五九年在提卡爾的廢墟發現石碑，那是二九二年完成的。後來進入文明的黃金期，這時期的科學水準之高令人瞠目結舌。

宗教的祭祀與科學的知識結合在一起，創造出神奇的文化。直到現在還無法了解明確的理由，不過，他們在九世紀到十世紀時開始移居，陸續捨棄了重要祭典的根據地。十六世紀被以狄耶哥・狄・蘭達神父爲主的西班牙人征服之前，就已經相當衰落了。

目前還無法了解馬雅文明衰退的原因。據說焚田農業使得土壤貧瘠，神官做出奇怪的預言，眾人遵從他的預言，農民與爲政者之間展開階級鬥爭，或是土耳提卡人從墨西哥流入——有各種不同的說法。

據說馬雅人被西班牙人視爲是可怕的異教徒，原因是他們祭祀時使用活生生的人，而挖心臟的行爲是受到土耳提卡人的影響。

西班牙人從根底抹煞他們如惡魔的儀式，爲了改變他們成爲善良的基督徒，因此焚燒了龐大的馬雅圖書。似乎認爲如果將來讓「惡魔的手法」復活，將是自己的責任。

這和用火烤人到底有何不同？我並不了解。不過西班牙人卻覺得他們的所作所爲是正確的。因爲這種行爲，所以，直到現在還無法完全解讀出馬雅文書。

## ◆馬雅人已經擁有時間會無窮無盡持續下去的概念？

馬雅文明的天文和曆法的正確性，令人嘆爲觀止，但光是這些還不足以表現他們文明的本質。他們建立了完善的**定位記數法**，擁

**★定位記數法**

一位、十位、一百位上的數字，分別代表著每一位的數字個數的記數法。例如342，表示一百有3個，十有4個，一有2個。

有時間會無窮無盡持續下去的概念。從他們的文書發現了其他文明所沒有的大的數字，基爾格雅的遺跡中記載著六億年前的日期。

爲各位介紹正確的馬雅曆。現在我們所使用的曆法，是基於**格理曆**形成的，一年有三六五日，而**馬雅曆**的一年也有三六五日。現在的天文學家基於正確的觀測，製作了太陽年，有三六五・二四二一九八日。與此相比，格理曆一年爲三六五・二四二五〇〇日，一年只有三・〇二／一萬年的誤差，馬雅曆一年有三六五・二四二〇〇〇日，所以一年是一・九八／十萬年的誤差。

馬雅文明也使用金星曆，金星的平均會合週期爲五八四日，那麼就和現在的週期五八三・九二日來比較一下吧。

## ◆連日蝕都可以預測出來的神奇馬雅天文學

再來稍微體會一下他們的偉大。

平均太陰月現在是二九・五三〇五九日，而馬雅的科潘天文學家則認爲有二九・五三〇二〇日，帕倫克的天文學家認爲有二九・五三〇八六日。雖然會使用小數點，但是馬雅人不使用分數，他們只能用比來表示太陰月是幾日。

各位可以想像這是怎麼一回事嗎？

科潘的天文學家以四四〇〇日來表示一四九太陰月，而帕倫克的天文學家則用二三九二日來表現八一太陰月。一個太陰月並非二九日，還有餘數，因此，用自然數的比來表示餘數。

生於現代的我們使用機械完成事情，會造成誤解，以爲這是自己完成的事情，不過看馬雅天文學家的成果，就可以了解自己的能力比古代人差。

他們還能預測日蝕等，令現代學者非常震驚，而且已經擁有經過若干年之後會產生一些誤差的想法。

## ◆馬雅曆的誤差，六千年只有一日！

這麼優秀的馬雅天文學家，似乎也受到天體與人類的生與死、季節轉換的神秘所支配。優秀的太陽曆和爲了祭祀而使用的特別曆（典禮年）會分開使用。此外，還有金星曆，所以，有三種曆可以自由運用，而且都非常正確，同步誤差六千年只有一日。

典禮年是讓十三日的週期和二十日的週期同調而製造出來的。以二十進法爲主的馬雅文化，有不少二十日週期的現象。各個二十日和玉米神、太陽神、死神對應，而十三日的週期則和天界的十三位神對應。馬雅人認爲十三位神進行著使時間運轉的重要工作。

十三日的週期和二十日的週期要回到相同的組合，則是最小的公倍數第二六〇日，而典禮年一年有二六〇日。在不同的日子對應不同的神，凶日與吉日交替，這就是馬雅人的想法。在吉日生下孩子，一生都會很幸福，在凶日生下孩子，絕對會不幸，所以，凶日不可以進行新的事情或發動戰爭。現在馬雅人的後裔仍然保留著這個典禮年的概念。

日本和中國的「甲……」等十干與「子……」等十二支，也是和各日對應，要回到最初的甲子，則需要花12與10的最小公倍數60日。我們可能不會注意到這些問題，但事實上早就已經決定好哪一天做什麼事情比較好或不應該做什麼事情。

## ◆擁有驚人的技術但卻受到宗教束縛的馬雅文明

另一個馬雅的**太陽曆**則是三六五日，以二十日爲一個月，一年有十八個月零五日。十八個月各自要對不同的神奉獻，農作物要播種或進行宗教的儀式等。多出的五天則附在第十八個月的尾端，是不好的日子，不可以洗頭髮、身體，不可以做容易疲累的事情，要特別注意以免發生不好的事情。

基本上，馬雅文明是使用手指和腳趾數目的二十進位法。以十進法爲主的現在人，可能會覺得很不可思議，但是，以世界的語文來看，這根本不奇怪。例如，法文的數詞基本上是二十進法，英文的score這個字也代表二十。

馬雅文明發現了零，零在一之前，是什麼也沒有的意思，但是在定位記數法上卻具有重要的作用。一〇二與十二的區別，就在於十位的位置，因此，這兒的零就有意義了。沒有這個零，就無法進行定位的計算。

馬雅的石碑，經常寫著第幾馬雅曆年的數值，可見曆日對他們而言相當重要。碑文上的空位不會寫零，不過，因爲是完美的馬雅記數法，所以絕對不會弄錯。當然空著也無妨，然而對馬雅的雕刻家而言，零的位置應該要雕刻神聖的記號。

馬雅文明擁有不亞於現代的觀測技術，但是，卻受到自己的宗教所束縛，我們應該要再稍微了解一下這種雙面性。

只依賴科學的現代人，也許已經失去了人類堅強的心。

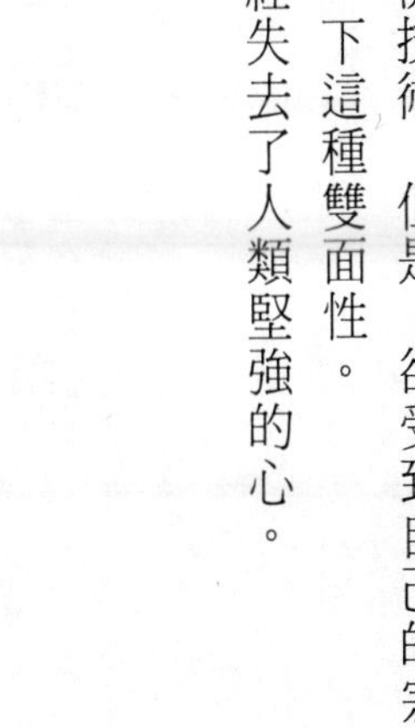

## mathematics 5 古代建築所使用的數學

### 埃及人如何以科學的方式建造金字塔？

古代的文明一定是在河川旁邊，而應該如何治理氾濫的河川呢？

在中國，因爲治水有功而成爲皇帝、高官的故事比比皆是。例如皇帝「禹」，和在宋朝爲官、於揚子江上架橋的著名書法家「蔡襄」等的故事，都非常著名。他們是使用橢圓來架橋。

此外，預測河川何時會氾濫，也是神官的重要工作。因此，必須好好的製作曆法。

古代人並沒有像現在一樣，基於科學理論的技術，但是，卻有基於經驗而得到的優秀技術。

例如，在日本建造五層塔等的屋頂曲線，考慮到木頭不可以腐爛，因此，設計能讓雨水最迅速流下來的曲線。使用微積分創設出來的曲線，古代人是用直尺創設出來的嗎？

#### ◆萬里長城與金字塔

提到大規模的古代建築，中國有萬里長城，埃及則有金字塔。

萬里長城是不斷堆積硬的磚塊，利用無限的人力製造出來的，這時會令人聯想到具有幾何學圖形的金字塔。尤其是有大金字塔之稱的金字塔，具有許多特別的形狀，都是神秘的象徵，所以，有很多論文會探討這些金字塔所隱藏的信仰意義或是特別的力量等。

而這些建造大金字塔的建築家，理論上應該了解地球極半徑的長度，二十四小時內地球在軌道上移動的距離，地球與太陽的距離，製作曆法時所需的一年正確長度，還有天文學上所謂的歲差，以及地球的質量等。

## ◆金字塔的存在證明古代文明計測技術之高明

有金字塔神聖長度之稱的六三・五六六cm，其一千萬倍就相當於地球的極半徑。這個長度的二十五分之一就是金字塔英寸。

用金字塔英寸測量大金字塔前的王室房間長度，再加上三・一四一六倍，也就是圓周率倍，就變成了三六五・二四二，亦即一年的長度，而潤年的長度，則出現底邊的各邊。金字塔英寸變成一千億倍時，等於二十四小時內地球在軌道上移動的距離。大金字塔的高度變成一百萬倍時，就是一四八二〇八〇〇〇km，和地球與太陽的距離一四九四〇〇〇〇〇km非常接近。

的確相當神秘，而且這個數值是基於無法正確計測金字塔時代

的數値而來的，更加強調了金字塔的神秘性。事實上，金字塔的高度各有不同，且各種朝向也有一些差距。

姑且不論金字塔是否具有神秘的力量，但是光看形狀，的確相當有趣。如果古代文明沒有測量技術，就應該無法製造出幾何圖形來。最低限度稱爲**畢氏定理**的**三平方的定理**，不知道古代人能否加以處理。尤其是**三角比**當中的tan，具有重要的作用。

大家聽到tan，也許會覺得是很艱難的字眼，但卻是決定坡道傾斜度的數字。如果前進3m，上行1m，則tan爲$\frac{1}{3}$。基本上只要好好使用tan，就能完成金字塔的傾斜構造。

## ◆以數學方式解析金字塔製作上的規則！

埃及的神官似乎曾對海洛德特司說過金字塔製作上比較複雜的規則。雖然這個傳說真僞莫辨，不過這在幾何學上的確相當有趣。神官是這麼說的：

『以大金字塔高度的一邊做成正方形，用平面切開金字塔，則正方形的面積等於切口的三角形面積。』

用圖來講解這段文章，

$h^2=ax$

**三角比**

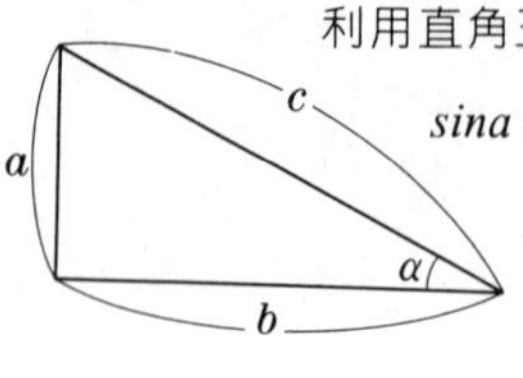


利用直角三角形來處理 sin, cos, tan。

$sina=\frac{a}{c}$、$cosa=\frac{b}{c}$、$tana=\frac{a}{b}$

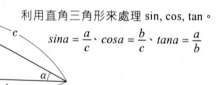

將金字塔的高度當成一邊做成正方形，和用平面切開金字塔的切口的三角形，則正方形的面積等於切口的三角形面積

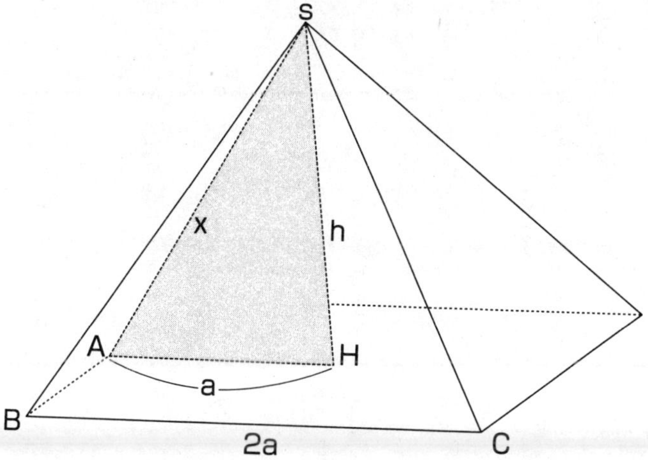


① $h^2 = x^2 - a^2$……畢氏定理

② $h^2 = 2a \times x \times \frac{1}{2} = ax$

②代入①時……

③ $a^2 + ax - x^2 = 0$

⋮

出現以上的解答

將由畢氏定理所得到的公式$h^2=x^2-a^2$代入，

$$a^2+ax-x^2=0$$

可以得到這個二次方程式。兩邊則用$a^2$來除，

$$(\frac{x}{a})^2-(\frac{x}{a})-1=0$$

這個方程式的正確答案就是黃金分割。

$$\frac{x}{a}=\frac{1+\sqrt{5}}{2}=1.618=g$$

實際測量結果如何呢？使用被公認爲是大金字塔大小的數字。埃及王室肘尺以○・五二四m爲單位，用這個肘尺測量底邊的一邊爲四四○肘尺。a=二二○，高度h=二八○肘尺，因此

$$h/a=280/220=14/11$$

另一方面，用正確的黃金分割加以計算。a=11時，利用黃金分割值來算高度，

$$h^2=ax^2=(a^2)(\frac{x}{a}),\quad h=a\sqrt{\frac{x}{a}}=a\sqrt{g}=13.992$$

和實際測量的h=14非常接近。利用分數$14/11$製造出來的金字塔，的確非常符合神官對海洛德特司所說的規則。

## ◆金字塔使用黃金分割的理由

金字塔還有另一個神奇的定理。

『大金字塔的底邊長度合計與2倍高度的數的比爲$\pi$。』

底邊長度合計爲8a，高度爲2倍就是2h，公式則是，

$(8a/2h)=4\times(11/14)=22/7=3.1428$

和我們所熟悉的$\pi$的分數$22/7$非常相近，傾斜$14/11$，是製造出的$\pi$近似值的數字。由這個計算，可以預測黃金分割比g與$\pi$之間的關係相當有趣，

$0.618=1/g$

以及

$(\pi/4)^2=0.617$

值大致相等。

我不知道古埃及人能夠以科學的觀點建造金字塔到什麼程度，不過繪畫大師在繪畫中自然的納入黃金分割，而古埃及的建築家們要製造美的東西，也很自然的會納入黃金分割。

就算不相信金字塔的力量，但是看到金字塔，總會覺得湧現力量，我想不光是我有這種感覺吧。

mathematics

# 6 鸚鵡螺的漩渦

描繪出自然的曲線，非常美麗

◆鸚鵡螺貝殼的曲線和法隆寺屋頂的曲線相同嗎？

鸚鵡螺是很早以前就棲息在地球上的貝類。其殼所形成的曲線畫成半徑時，則這個半徑與外側的曲線所形成的角度隨時都是相等的。這一類的曲線稱爲**對數螺線**。

觀察自然界，經常會發現這個曲線。像牛角、象牙以及人類指甲長長時所形成曲線，都是這一型的曲線。

人類所製造的東西中也有這一種曲線。例如法隆寺的屋頂，還有城的石牆外側的曲線等。

這些曲線各自有其意義存在。像法隆寺的屋頂，則是爲了能讓東西以最快的速度落下，所以形成最快速下降的曲線。而城的石牆外側，則是形成耐震的構造。

事實上，這些曲線的構造非常簡單，容易建造。就像鸚鵡螺所描繪的曲線，經常擁有與半徑相同的角度。也就是貝殼成長時，變大的程度和相似比是相等的。以同樣的相似比成長，就會形成這種

## *M* 隨著成長，角度還是相同嗎？

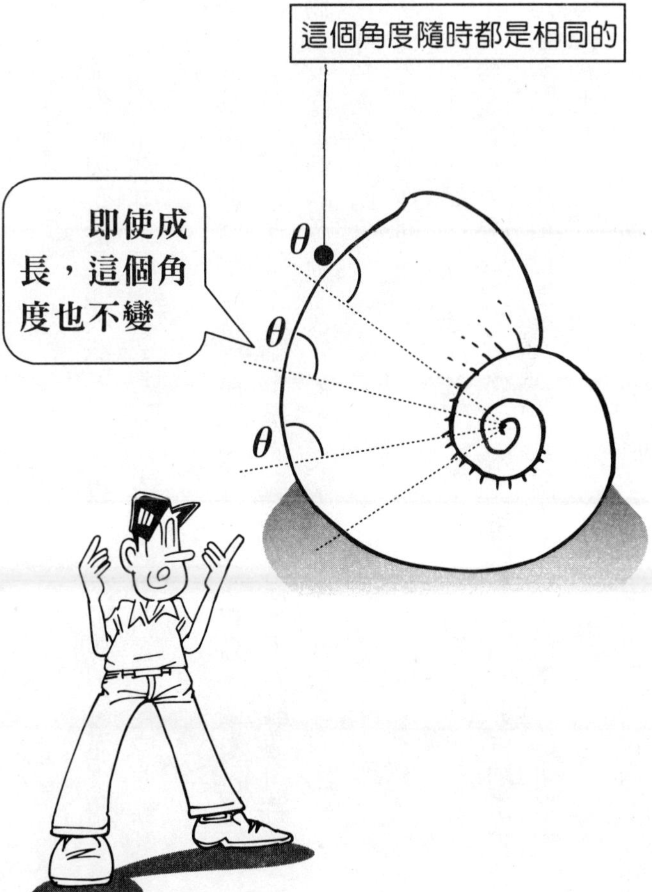


牛角或象牙、人長長的指甲所形成的曲線，與此同樣都是對數螺線

曲線。例如，城的石牆，也可以從下方以相同的相似比縮小，形成對數螺線。

## ◆黃金分割與黃金螺蜁

古代人的技術可能是偶然的巧合，也可能是根據經驗而來的，目前無法完全了解其來源，但至少比起作成直線而言，作成曲線應該更容易吧。

對數螺線中，經常出現特別比率螺線，就像雛菊、鳳梨、松茸等的曲線。雖然不是非常完美、正確的對數螺線，不過雛菊向右轉的漩渦以及向左轉的漩渦的線，都是固定的21比34。松茸的比是5比8，鳳梨則是8比13。

請注意以下的數列。

0、1、1、2、3、5、8、13、21、34、55、89、……

前二項的和，會成爲第三項的數列，這就是著名的**菲保納奇數列**。這個數列的一般項無法以整數的範圍來表示，但是，卻可以用以下的公式來表示。

有趣的是，前項與後項的比大致爲1．61。這個大致爲1．61，事實上就是黃金比。這裡又出現了黃金分割比。

**菲保納奇數列**

$$\frac{1}{\sqrt{5}}\left\{\left(\frac{1+\sqrt{5}}{2}\right)^n-\left(\frac{1-\sqrt{5}}{2}\right)^n\right\}$$

因爲相似而形成螺線是很自然的，而黃金螺線則是自然界特別製造出來的，令人覺得非常神奇。

植物的形狀除了這個特徵之外，還有很多都有菲保納奇數列的性質，例如，樹枝或樹葉附著的方式。繞著樹枝和莖的周圍附著，不過從一片葉子到下一片葉子之間，到底繞著莖多少次，大約也是$1/2$、$2/3$、$3/5$、$5/8$……，絕對不出菲保納奇數列的相鄰比率。不光是可以看到非常漂亮的黃金分割比，同時也算是一種穩定性的比。

這個比不能用整數來表示，形成了無理數，也就證明了這個世界並不是那麼簡單就形成的。

# 7 幸運數字萬國共通

## 幸運7、五芒星的封印、大衛星……

### ◆幸運7是神聖數字嗎？

被視為是吉祥的數字或是吉祥的形狀、護身符的圖案——在世界上幸運數字有很多共通點。因為這是從古代文明的主要發生地點傳播到整個世界的想法，所以並不奇怪。

但是，東方與西方同樣使用「神聖形狀」，因此，出現很多假設，認為人腦的構造可能喜歡這些東西。1/f的搖擺音樂給予人舒服的刺激，所以「神聖形狀」中也可能隱藏了一些訊息吧。

雖然各地方的數字有些差距，但還是可以看出「神聖數字」的共通點。

像幸運七就非常著名。一開始將七視為是神聖數字的，是因為曆法上特別重要的天體數的緣故。利用月的圓缺來數日數，觀測天體運行時，要在規則、正確的天體運行中發現奇妙的五顆星（金、木、水、火、土行星）並不困難。再加上太陽和月亮，因此形成七這個神聖的數字。

每七天會改變姿態，大約每二十八天回到原先模樣的月亮，其姿態也使七成爲神聖的數字。舊約聖經中，認爲神花了七天創造這個世界，在第七天休息形成一週，所以，古代就已經出現七是神聖數字的想法。

### ◆7與5是世界共通的幸運數字嗎？

中國有發生於二十八宿的七曜。這並不是現在所使用的一週，而是稱爲「曆注」，占卜每一天吉凶所使用的。在八世紀時，日本的弘法大師將這種概念帶到日本。佛教認爲往生的人，有七天稱爲中有的世界，也就是說會徘徊七次，每七天要進行追善供養，而在最後一天第四十九天要進行法事。死後的第七天，也就是頭七，要接受秦廣王的審判，然後轉世到六道輪迴中的世界。如果無法找出結論，到了下一個第七天，則由另一個神來審判，到了第五次就會遇到著名的閻羅王。原本閻羅王是給予人類靈魂幸福的神，但是，傳承好幾代之後，姿態就完全改變了。

事實上，在奇數中七這個數字具有特別的位置，也許它能夠喚醒人們的感性吧。

考慮到幸運數字，我們會想到**五芒星的封印**。舊約聖經有**所羅**

門的封印，是一種護身符，能夠保護在這裡面的東西的清靜。最近受人歡迎，活躍於平安時代的**安倍晴明**公的家紋「清明桔梗」就是這種形狀。在京都西陣一條回橋的清明神社的護身符，就是這個五芒星。

此外，中國的五行也是使用這個圖形。形成金、木、水、火、土世界的五個元素，之間的關係是使用所羅門的封印，以如圖所示的方式來使用，將五行的相生、相剋加以圖形化。「木生火、火生土、土生金、金生水、水生木」這就是相生，而相剋則是「水剋火、火剋金、金剋木、木剋土、土剋水」。

由這五角形製造出來的封印，來自於人們認爲最美麗的比例「黃金分割」，這個形狀令人產生穩定感、安心感，因此，當然會成爲世界共通的幸運數字。

## ◆六芒星所製造出來的「大衛星」

另一個讓人覺得有美感的圖形，就是由六角形的對角線所構成的六芒星製造出來的「**大衛星**」。這是猶太教的護身符，具有防止惡靈由外界進入的力量。數這個圖形的中心就會出現神聖的數字七，中心爲金，可以對應七個金屬的圖形。在日本，則是利用結繩的

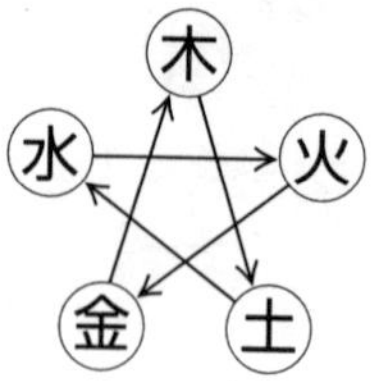

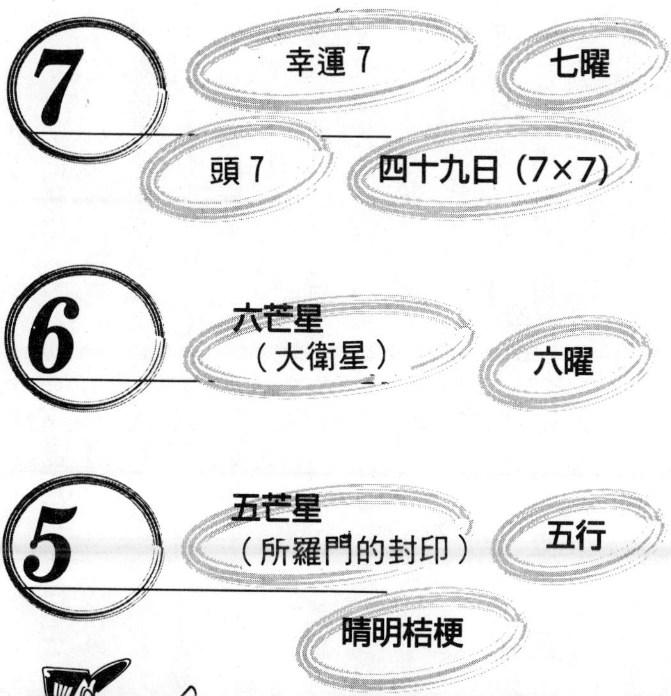
7
幸運7
七曜
頭7
四十九日（7×7）
6
六芒星
（大衛星）
六曜
5
五芒星
（所羅門的封印）
五行
晴明桔梗

在世界上，的
確有很多共通點

方式製造出這個圖形，是用來驅魔的。

六也是神聖的數字，六六六是約翰啟示錄中出現的野獸數目。有人說這是不吉祥的數字。有個說法，認爲這是讓猶太人所使用的希伯來文字的字母與數值對應的方法，這個數用在狂殺基督教徒的皇帝尼洛的姓名上，全部數字合計爲六六六。

一週的週日數是神聖數字七，不過還有其他的神聖數，有些地方以五天或六天當成一週。例如，印尼就是以五日爲一週，而日本也流傳著六曜的名稱。

六曜讓人想起躲在五行思想背後的六行思想。起源於中國唐代的曆算學家李淳風的《六壬時課》，室町時代初期傳到日本。後來政府並沒有採用六曜，而起源地中國也認爲「日數的排列不具有深意」「其義不足取」，因此立刻被廢棄了。

六曜是曆注之一，占卜每天的吉凶。將大安、佛滅、友引、赤口、先負、先勝六者寫在日曆上，以前除了六曜之外還有其他的曆注。

平安時代以來，安倍家（土御門）和賀茂家代代傳承的「曆注」的相關事項，被視爲是密傳。兩家的解釋不同，土御門泰邦自己指出了這一點，並且認爲本來就該如此。原本屬於上層階級的東西，後來成爲一般庶民所有，日常生活受到「曆注」的影響，也會對經濟等造成不良影響。在古老的大同二年（八〇七年），平城天皇曾加以禁止，而在明治的太陽曆改曆的詔書上，則認爲「阻礙人智的成長開達」，因此完全嚴禁。

歷史的確非常有趣，毫無根據就加以批判並廢棄六曜，然而它卻流傳下來，直到現在依然廣泛使用。

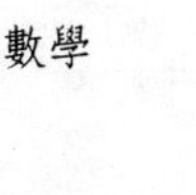

# 8 為什麼日本沒有牛頓？

## 即使採用高度的使用方法，也無人可以證明的日本數學家

明治以前的日本科學家，最著名的叫做**平賀源內**，其餘的人就沒出現在歷史的教科書上了。就算仔細調查也找不出來，這是爲什麼呢？

★平賀源內（一七二八～一七九年）江戶中期的博物學家、通俗小說家。宣傳利用靜電發生裝置的醫療，但只是為了引人注目而已。

### ◆和算家所沒有的證明的概念

在日本，並沒有培養出進行實驗建立理論，然後再做實驗進行檢證的態度。例如**亞里斯多德**所提出的，重的東西和輕的東西一起往下丟，重的東西會先掉落的理論，只要進行實驗，就可以掃除疑問，在稱爲黑暗時代的歐洲中世紀，一直受到這一類理論的支配，但是日本並沒有培養出利用實驗和理論來說明的態度。

江戶時代培養出和算這種特殊的範圍，和算家並沒有證明的概念。沒有辦法以邏輯的方式推演某件事情是否正確。

在日本文獻中的奇怪證明例如下。

「圍繞著這個曲線的圖形，因爲其面積和橢圓相同，所以是橢圓。」

方程式的解法，也是按照這樣的順序解答出來，和教導茶道的方法相同。也就是說，這個時候應該這麼做，然後手擺在這裡比較好，但是，卻沒有去思考爲何會變成這樣。老師教導秘訣，結果和其他的流派一分爲二，莫衷一是。

喜歡實驗的平賀源內，他的想法無法在日本學問中成爲主流，因此，無法培養出近代科學來。即使了解二次方程式的解法，但是卻不去思考爲何會出現二個解答，反而變成出現二個解答很奇怪，所以要改良作法才對的想法。

## ◆日本人使用算盤來解答方程式嗎？

日本的數學天才**關孝和**，在歐洲的數學還未建立行列式時，就已經在**聯立一次方程式**中使用**行列式**，並沒有進行邏輯的證明，因此次元較高時會出現錯誤。

★關孝和
↓參照一九〇頁。

日本的數學主要來自於中國，日本一向如此，凡進口的東西，都會以比較高水準的方式來使用。甚至開發出使用算盤來解析方程式的方法，但是，無法證明這個方法是否正確。

不懂得論證，因此，和算書有很多錯誤。因爲講究的不是邏輯的正確性，而是注重使用方法之美或是形式之美這種藝術的計算方法。有餘暇的武士階級，認為親近算盤是一件可恥的事情，更加速了這種傾向。

數學家所開闢的道場，就一定會出現想踢破道場的和算家。當然也會遇到一些問題。勝敗的關鍵就在於是否能夠解答題目。不光是如此，和算家甚至會去算證明的字數（事實上無法真正證明）。字數愈少的人獲勝。

因為不合邏輯，所以無法向別人說明理由，也沒有辦法進行超越流派的交流，所以無法將數學培養成一種科學。

同樣的情況也出現在冶鐵上。儘管能夠打造非常棒的刀，例如村正或村雨等名刀，但是卻沒有能製造出堅硬的鐵的理論。教導弟子時，只說這麼做就能冶出很好的鐵，只教導他們技術，也就是模仿的才能。這的確是非常藝術性的作法。

## ◆歐洲創造出微分是必然的道理，而日本無法創造出微分也是必然的道理

牛頓創造出微積分，不過，在其前後卻有很多人諷刺牛頓的微積分。突然一下子開發出很多連續的理論。最近創造出能夠解決數學大問題的「**費馬大定理**」的**費馬**，只差一步就能解答微分。繼牛

頓之後，泰勒、馬克洛林等人，也在英國發展微積分。在這個歷史必然的趨勢中，有牛頓存在。微積分不光是由牛頓創造出來的，德國也有萊布尼茲自行開發的微積分。

也就是說，在歐洲創造出微積分是必然的趨勢，而在日本無法創造出微積分也是必然的趨勢。

★費馬
↓參照七十四頁。

## 9 希臘與羅馬

希臘講究緻密的理論，羅馬喜歡偉大的現實性

### ◆誕生於希臘的世界三大數學家之一的阿基米德

提到希臘的數學家，大家一定會想到**阿基米德**、**歐幾里得**。此外，建立圓錐曲線理論的**阿波羅尼斯**也是優秀的數學家。

大家都認爲阿基米德是物理學家。他在洗澡時發現比重的原理，因爲太過於高興，甚至赤身裸體跑到街上，是一位戲劇性的人物。因爲國王要他想出如何判斷王冠是否是用真的金子打造出來的，他幾經思索之後想到了比重的方法。這個故事成爲小學的教材，相信大家都聽說過。

但就和牛頓的蘋果一樣，不知是否真的是在泡澡時發現比重的原理。不過，他的確察覺到比重的存在，是一位天生的天才，這一點誰也不能否認。

而數學家阿基米德是世界三大數學家之一，留下許多業績。另外兩個人則是**牛頓**和**高斯**。

阿基米德在數學方面留下非常棒的業績，特別是幾何和圓周率

★**阿基米德**

↓參照六十四頁。

★**阿波羅尼斯**

（BC二六〇年左右～三世紀初期）有「偉大的幾何學家」之稱的希臘數學家。出生於小亞細亞（現在的土耳其）的佩爾加，其著書『圓錐曲線論』成為古代最棒的科學書。

## 阿基米德是戲劇性的人物嗎？

的計算。他在『圓與計測』這本書中，證明了圓周率比$3\frac{1}{7}$更小，比$3\frac{10}{71}$更大，當時非常令人驚訝。由於阿基米德的想法發揮到了極限，使得牛頓開發了積分的概念。阿基米德到牛頓大約有二千年的時間，都沒有人可以超越阿基米德。

## ◆何謂歐幾里得幾何?

歐幾里得則是集合著名幾何學之大成的『原論』的作者。一百年前，他的書一直當成教科書使用。

阿基米德的數學和歐幾里得的數學都非常緻密。我們在學校學會的**歐幾里得幾何**，是對於某一條直線而言，通過不在這條直線上的一點，只有一條與原先直線平行的線，這就是幾何的概念。

也許很多人認爲這是理所當然的，但這並不是理所當然的。這個平行線的公理成立之後，才發現三角形的內角和爲一八〇度。通過一點能畫出好幾條平行線的幾何，也是存在的，另外，還有根本沒有平行線存在的幾何。

我們不知道現實世界到底受到哪一種幾何支配，但是，就算歐幾里得的幾何不能支配這個世界，那麼，應該也和支配整個世界的概念非常類似。

歐幾里得想要證明平行線的公理，但是無法做到。沒辦法，只好將其放入公設這個比公理更低水準的說法中。

到目前爲止，關於證明平行線的想法共有三種，都建立了不會矛盾的幾何學。管他平行線是不是只有一條，管他說法正不正確，這個世界不就是如此嗎？

## ◆將理論實用在現實上的羅馬

希臘的後繼者羅馬，在緻密數學方面比不上希臘。不見得時代愈後面，學問就愈優秀。羅馬在數學的嚴密性這一方面比較差，但是將理論應用在現實上，羅馬人卻建立了非常棒的文明。能夠容納二千人的浴場以及羅馬競技場，還有水道、城廓等，都是非常棒的技術。

能夠兼具科學的緻密性和偉大技術的文明，真的非常罕見。

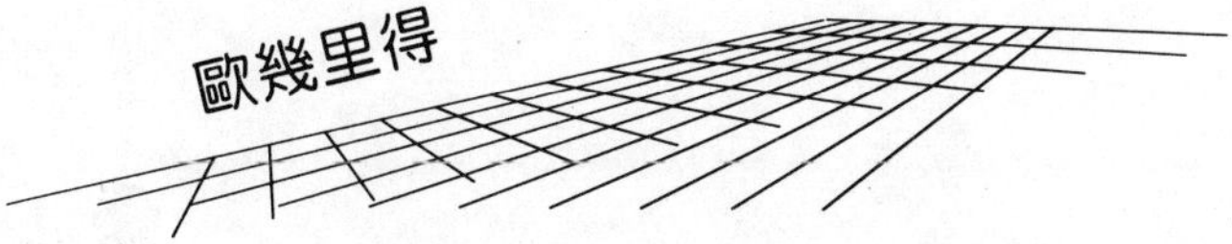

mathematics 10

# 大食與基督教會

## 希臘幾何學與印度代數的融合

### ◆誕生於大食帝國的天才數學家

希臘人所建立的**幾何學**，無法由文明後繼者羅馬人加以發展。邏輯思想的希臘型學問，也許不適合喜歡建造大型建築物和實用性東西的羅馬人。後來最重視神學的羅馬教會擁有力量，在十三、十四世紀之前的歐洲度過了黑暗時代。最近，不再認爲這個時代是黑暗時代，而是在繪畫方面具有獨特想法、優秀概念的時代，但是數學方面卻沒有這種感覺。

值得注意的是大食文化。誕生於七世紀，以回教爲背景的阿拉伯人，建立了東達印度河，西至現在西班牙的廣大大食帝國，利用希臘的幾何學和印度的代數，形成了使其兩立的數學。

不光是數學，連化學用語的語源也有很多來自阿拉伯文，阿拉伯的實驗科學相當發達，這個時代備受注目的數學家就是**亞爾克庫瓦里茲米**（八二五年左右的人）。

他以這樣的方法解二次方程式。

$x^2+6x=16$

當然，亞爾克庫瓦里茲米並沒有使用現代的記述法。記號化方程式的記述法是十六世紀**威耶塔**出現之後才有的。在這裡，則用現代記述法加以說明，最初的一邊是 $x+3$ 的正方形。由下圖就可以了解到，正方形面積是，

$$x^2+2\times(\frac{6}{2})x+3^2 = x^2+6x+9$$

$x^2+6x=16$, $x^2+6x+9=16+9 = 25$，如果正方形一邊爲5，則$x+3=5$，$x=2$。

這個變形，和在學校學習二次方程式時所學到的完全平方是一模一樣的。

但是，亞爾克庫瓦里茲米的方法並沒有出現負數的答案。這一點比印度的方法差。阿拉伯數學的特徵，是希臘的幾何學和印度的代數（量與數合而爲一，量當成數來處理，方程式具有幾何學的背景）二個不同的世界加以融合。負數的答案真正得到世人的肯定是在文藝復興時期，在此之前被視爲是不適當的答案而捨棄。

亞爾克庫瓦里茲米寫了『Algabr w'alnuquabalah』這本書。這個algabr 形成了代數 algebra 的意思。

mathematics 11

# 畢達哥拉斯不是數學家嗎？

說實話，小命可能不保的時代的科學家

★畢達哥拉斯（BC五七二？～四九二？）古希臘的哲學家。移居到義大利南部的希臘殖民都市克洛敦時，倡導橫跨宗教、政治、哲學的獨特教義，建立自己的教派。

## ◆大家都在學校學過「畢氏定理」

相信有很多人因爲「畢氏定理」而感到煩惱吧。不，懂得使用的人就沒問題了。

不光是高中考試，甚至是大學考試，都經常用到「畢氏定理」算出兩點間的距離或是空間圖形等。數學在命名定理時，會以最初證明這個定理，並且能夠巧妙使用這個定理的人的名字加以命名。事實上，這個定理並不是畢達哥拉斯所創的，他在數學方面根本就是外行人。但是，卻用他的名字來爲定理命名，可能是他非常懂得這個定理吧。

他建立了畢達哥拉斯學派。說學派未免太過誇張了，應該算是新興宗教團體。小小的希臘島成爲他們的勢力範圍，而主要教義則是「萬物是數」。他所說的數是自然數與自然數之比，比是像$2/3$等分數。正確來說，就是將分數納入整數中，使數成爲有理數的集合體。整數就是自然數中包括零、負數在內的數。學校的自然數則不包括0在內。

數學家贊成自然數中放入0和不贊成放入0的人，各佔一半。

也許有人覺得很驚訝，不過依個人想要作何表現，數學的姿態也會改變。如果有人說「答案只有一個的，那就是數學」，我想，真正討厭數學的人應該了解這一點吧。

## ◆用自己名字命名的定理否定自己教義的畢達哥拉斯

換個話題，有理數的英文是rational number，ratio也就是比的數。因爲是有理由的數，因此將其命名爲有理數，這個名稱到底好不好，就由各位去判斷了。

各位會不會覺得有點奇怪呢？

所有的自然數都能夠用數的比形成嗎？

這是錯誤的。只要利用「畢氏定理」就知道不是如此。在小學所使用的三角規，兩片組合在一起形成等腰三角形，邊的比是1：1：$\sqrt{2}$。2的平方根並不是rational number，不能用分數表示，所以$\sqrt{2}$是無理數。認爲甚至可以用分數來表示萬物的畢達哥拉斯，卻用自己名字命名的定理否定了自己的教義。這不是很可悲嗎？

他的教派（畢達哥拉斯學派）的標誌，是正五角形的頂點結合

＜畢氏定理＞

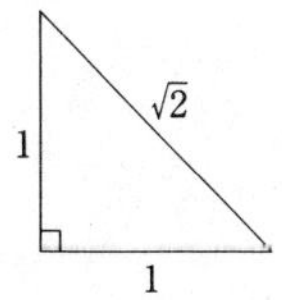

＜畢達哥拉斯派的標誌＞

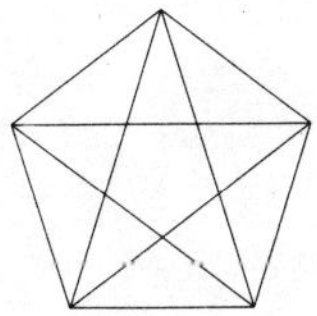

＜正五角形與對角線＞

起來的美麗星形。在日本，陰陽道的超級明星**安倍晴明**的家紋就是「清明桔梗」。這個形狀是否真的具有驅魔作用，令人懷疑，不過可以到京都西陣一條回橋的清明神社參拜一下就知道了。那裡的確是以正五角形的紋當成護身符。畢達哥拉斯學派也使用這個圖形，甚至用來表示無理數的比，但是結果不佳。

爲了找出自己的教義是錯誤的證據，因此四處奔波。

## ◆科學的力量有時會被權力者鎮壓

不過，如果你認爲這是一群笨蛋的團體，那就錯了。畢達哥拉斯利用「畢氏定理」否定了自己的教義，而且絕口不提無理數的存在，甚至發誓說出去的人會從懸崖上掉下去。

權力者直覺到科學具有否定當時權力的力量，所以以前有人爲數學而死。像伽利略就是因此而死，**喬丹諾·布爾諾**則被處以火刑。不，即使是現在，有時候說真話也會危及生命。

畢達哥拉斯被其他的宗教團體所排擠，因此，從居住的島上被趕走。

這就是想要讓無理的教義勉強適用的下場。

## M 畢達哥拉斯的憂慮

**畢達哥拉斯**＝「萬物皆可用分數來表示」

⇕

**「畢氏定理」**$1:1:\sqrt{2}$

↓

無法用分數來表示！

# 〔PART6〕
# 金融工學與社會生活

★為什麼很難預測氣象？

★ＮＡＳＡ的裁員與金融工學

★電腦與非法入侵電腦者

★高斯的憂鬱

★神真的喜歡單純嗎？

mathematics 1

# 為什麼氣象很難預測？

## 氣象預測在軍事上是非常重要的問題

### ◆從十七世紀開始，關於氣象的數學理論架構

第二次世界大戰之後，氫彈的設計成爲課題之一，另外一點，就是在第二次世界大戰時，軍事方面有非常重要的課題。那就是氣象預測。

對於進行軍事作戰而言，氣象預測是非常重要的問題。第二次世界大戰時，有幾位氣象學家從龐大的資料進行主觀的氣象預測。必須依賴感覺，有時甚至必須判斷何種指標具有本質的作用。當然也必須依賴個人的資質，這幾乎是屬於老師傅的世界。當時數學還不是能夠以理論預測氣象條件的有力方法。

爲什麼會這麼困難呢？

關於氣象的數學理論架構並不是很新。十七世紀末，**哈里**根據**牛頓的第二運動法則**，說明東北季風。後來出現天才**達尼耶爾・貝爾努伊**以及**拉普拉斯**等，也進行這一方面的研究。

想要以微分方程式來表現運動的方法時，可以藉著各種現象的

**★運動三法則**

第一法則「慣性法則」。

第二法則「表現力與加速度關係的運動方程式」。

第三法則「作用與反作用的法則」。

資料來進行預測或採取決定性手段。當然，這都是藉著牛頓之賜。

不過，流體力學或是熱力學的法則定格化之後，並未加以應用來記述大氣的大規模循環，因爲非常困難。

大氣循環受到物理法則支配，因此，雖然**牛頓的運動法則**或**波爾夏魯的法則**、**熱力學第一法則**可以加以記述，但是，用比例無法表現的量，也就是，含有非線性的量形成了非常困難的**偏微分方程式**，所以無法解析。

## ◆利用數值解析大氣循環的問題點

一九〇四年，挪威的氣象學家**邊尼斯克**，使用六條偏微分方程式，將大氣的熱力學法則以及流體力學法則加以定格化。

他是最早主張氣象方面必須利用數值解析的人。邊尼斯克的結論是『用牛頓力學敘述的相互產生影響的三個質點，其運動的相關方程式無法用數學來解答。而要解答所有點相互作用的大氣循環方程式也是很勉強的，因此，只能夠用數值來解答記述大氣的偏微分方程式』。

但是，要以數值的方式來解答大氣循環，卻會遇到以下幾個問題。

**★拉普拉斯**
（一七四九～一八二七年）法國天文學家、物理學家、數學家。成功的將牛頓的重力法則應用在太陽系所有的行星運動中。

**★波爾夏魯的法則**
認為一定量氣體的體積與壓力成反比，與絕對溫度成正比。

**★偏微分方程式**
↓參照二二六頁。

①為了將方程式單純化到能夠實際解答的狀態，必須挑選出對大氣循環具有本質作用的流體力學或熱力學的因子。

②即使是最單純的大氣循環模型方程式，也無法以數學解析，只能利用數值解析或圖表的近似解。

③方程式附加初期條件與邊界條件，因此，必須整理龐大數目的觀測資料。

④一次氣象預測，需要能夠正確實行幾百萬次計算的計算機。

## ◆用數值解析大氣循環的一些問題點

氣象預測是重要的軍事戰略之一，第二次世界大戰時，**方諾曼**想到含有複雜非線性項（非線性量）的大氣循環方程式，頗耐人尋味。事實上，他為了讓諾曼地登陸，能夠作戰成功，因此，照會普林斯敦大學的統計學家威爾克斯，想要了解何種氣象預報系統最有效。答案是任何一種都不足以採用，相當悲慘。也就是，並沒有能夠使用於登陸作戰的氣象預測。

大戰之後，使用自己的高速計算機ＥＮＩＡＣ，以及後來形成的EDVAC, Wirlwind 等電腦，飛躍提升了以數值解析氣象預測的精準度。

**★方諾曼**
↓參照一二九頁。

## ◆現在的超級電腦也很難預測氣象

實際使用ＥＮＩＡＣ時，發現對於預測氣象，很明顯的，能力還是不足。

當然，即使是現在使用的超級電腦，也無法完全預測氣象。關於正確計算大氣循環偏微分方程式的理論，還沒有很完善。不過由於人造衛星和方程式理論的發達，已經逐漸了解大氣循環的構造。

原本方諾曼認爲在他的時代就可以辦到的事情，事實上到現在才勉強辦到。

現在，各國都有一台專用的超級電腦解析氣象，也都非常熱心於研究大氣循環。這是因爲臭氧洞的存在、地球溫差效應的預測等，爲了解析目前所面臨的這些危機，所以必須進行這一方面的研究。

mathematics 2

# NASA裁員的時機與金融工學

## 因為金融衍生商品而造成極大損失的金融工學的真相

### ◆不強調學問而強調實踐面的「金融工學」

「金融工學」這個字眼，來自英文的financial Engineering。美國在一九八〇年代，日本在一九九〇年代開始使用。以往只用在科學範圍的應用數學、電腦科技，如今應用在金融世界，強調的不是學問面，而是實踐面。

金融工學備受注目的原因是國家經濟不穩定。

一九七〇年代，連續發生了經濟大事件。一九七一年，尼克森總統宣布停止黃金與美元的兌換，一九七三年轉爲變動匯率制。同年因爲石油危機而使石油價格上揚，利息上升，對於混亂的市場行情，應該如何謀求對策？一些市場相關者和政治家、學者都在思考著。

一九七五年，美國將原先固定化證券營業員的手續費自由化，使得他們的手續費收入銳減，影響到生活。因此，開發新的金融商品成爲當務之急。在開發上，需要使用數學的**偏微分方程式**、**機率**

手續費的自由化導致股票營業員的收入減少

→ 開發新金融商品的必要性

↓

**需要使用偏微分方程式來預測未來，因而發展金融工學！**

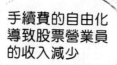

股票的價位、
金融衍生商品等大
家所熟悉的用語，
也和金融工學有密
切的關係。

微分方程式來預測未來，因此，有助於金融工學的發達。

### ◆由於NASA的裁員，使得金融工學的範圍多了許多人才！

NASA規模縮小，以往研究太空工學的技術人才紛紛進入金融工學的範圍。實際上，金融業界也需要偏微分方程式或數值解析專家。NASA裁員，多出的人很容易到金融界。日本最初也模仿美國，理科系的人由金融業界吸收，但是狀況有點不同。

嘗試以數值的方式計算出投資或選擇的評價，並不是現在才開始的。像一九〇〇年，**巴協里耶**所寫的『投機的理論』一書，就寫著使用後來**愛因斯坦**注意到並加以研究的「布朗運動」的選擇評價方法。

### ◆布拉克．修爾茲所寫的關於股票價位的論文

一九七〇年得到諾貝爾經濟學獎的**山謬．伊爾遜**，也曾經思考過投資的危機和股價的不確實性，但是並沒有建立決定性的理論。打破這個僵局的，則是**布拉克．修爾茲**所寫的關於股票價位的論文。

簡單說明一下股票價位的構造。六個月之後，如果股票下跌到一千圓以下，這時就有用一千圓賣掉股票的權利（放空）。如果股票下跌一圓，而且價位對自己有利，則打算六個月之後賣掉股票的

**★山謬．伊爾遜**
（一九一五～）美國經濟學家。在哈佛大學時，成為特別講師生（待遇如副教授，三年內可以自由研究），著手物理學和數學，因而產生了他導入緻密性數學手法的經濟學基本態度。

人就會增加。結果這個價位本身的價格上升〇．五圓。相反的，如果股價上漲，六個月之後就算用一千圓賣掉股票也不可能賺錢，因此股價會下跌〇．五圓。投資家爲了避免損失，認爲股價的變化和股票價位的價格變化比爲二倍，因此，每一股最好買兩個價位。也就是將損失和利益相抵消。

股價會隨著時間變動，爲了保持沒有危險的狀態，就必須在持股的數目上有變化。股票上漲就賣掉股票，如果下跌就買股票，這個構成稱爲**有價證券**的買賣，而利用股票價位的價格變化抵消股價變化的投資方法，則稱爲**套頭交易**。

## ◆容易使用但不合實際的修爾茲的公式

布拉克．修爾茲的公式，是從有價證券的構成，導出投資家對於價位要支付的錢以及價位的公式。普通的電腦軟體就可以計算出公式的結果，容易使用，所以也容易爲人所接受。在股價行情紊亂的情況之下，這是金融機構爲了維護有價證券非常有用的手段。商人只要輸入股價以及股票價位滿期日等變數即可。

但是，唯一無法得到的數值，就是市場的預測變動率。這個數值只能以過去的價格變動來推測。而這個推測是最大的問題。

布拉克・修爾茲的公式，是採用由過去推測的預測變動率以外的理想假設。他假設利息是固定，但實際上利息不可能固定，尤其像債權等，利息本身是決定重要股票價位的要素。假設股價的收益率是正規分布，則無法應付暴漲暴跌的異常事態。因此，修爾茲的公式不合實際，可是卻容易使用。

### ◆如何預測市場變動率成為一大課題

一九七三年，布拉克・修爾茲的論文出現之後，許多研究金融工學的人持續研究，想要彌補其不完美的部分。但是，要如何預測市場變動率？如何利用以往的變動估計未來？根本找不出答案。因此，俄羅斯的經濟急遽變動，通貨危機突然變化，以現在的股價模型根本無法應付。以得到諾貝爾獎的修爾茲爲主要成員的海奇方德ＬＴＣＭ公司也倒閉了。

所以這十年來，**金融衍生商品**所造成的損失，二〇%的原因都出在模型。

★金融衍生商品
↓參照二六八頁。

如何降低市場變動危機？最近，大家對爲了開發新商品而發展的金融工學風評不佳。相信沒有人會否定利用數值來分析現實的情況，預測未來的基本想法，但若深入一步應用在投機事業上，則是否能充分發揮機能，頗令人懷疑。

通常數學模型都是以人為了得到利益而展現行動為大前提。即使現在有損失，也可以算是對未來的投資，這種複雜的行動是否真的能表現出來呢？尤其像金融市場這種並非所有的人都以同樣的想法展現行動的情況，就更難預料了。

不管是在哪一方面的應用，要了解數學模型的有效範圍都很困難。

mathematics 3

# 電腦與非法入侵電腦者

## 一定要注意專家所具有的強大力量！

### ◆駭客與非法駭客，誰比較壞呢？

現在全都採用電腦控制，所以相當方便。就算沒有人在家，只要設定好，就可以在設定好的時間煮滾洗澡水，回家後就可以舒舒服服的泡個澡。而汽車的控制也幾乎已經完全電腦化，連家庭的保全也由專門的公司集中管理。

用酒做菜，結果啓動了瓦斯探測機，因此，連保全公司的人都跑來了，這樣的例子時有所聞。

由於機械是正常的啓動，所以，只能當成笑話來看，但因而使人忙於奔波，那又要如何解釋呢？像這種人爲的錯誤動作，或是對集中管理的電腦存有惡意的人，也就是**非法駭客**的作惡，一定會引發可怕的事件。

日本有**駭客**和非法駭客的說法。熟悉電腦的人稱爲駭客，駭客不見得都是壞人，而非法駭客則是指使用電腦做壞事的人。最近發生了以色列侵入五角大廈電腦系統的事件，以色列的非法駭客僞裝

## M 駭客和非法駭客

**駭客** → 熟悉電腦的人稱為駭客，不見得是壞人

**非法駭客** → 使用電腦做壞事的人。完全是指不好的意思。

成日本人，侵入日本人所運用的電腦，然後再侵入五角大廈的電腦系統。

**◆非法入侵電腦者的可怕**

由外操作的方便，反而成爲決定性的弱點。尤其是侵入國家的安全系統，擾亂情報，做出錯誤命令的非法入侵電腦者，真的很可怕。像瓦斯或自來水、醫院的病歷管理、交通的控制、物流或金融、國家的安全保障等重要的範圍，就發生過可怕的事件。

一九九四年三月到四月，英國的十六歲少年，侵入美國空軍羅姆研究所的電腦系統，同時又從那兒侵入Korean Atomic Research Institute。羅姆研究所擔心 Korean 可能是北韓的設施，而北韓則判斷可能是「戰爭行爲」而非常緊張。

澳洲甚至發生了從外面改寫醫院的病歷，結果受到錯誤投藥的患者死亡的事件。美國航空管制系統也曾受到攻擊。基本上客機是由地面自動操縱，如果由外部變更，就不知道會飛到哪兒去了，當然也可能墜機。使用電腦的汽車，也可能發生同樣的事情。

**◆美國的五角大廈出現十六萬名非法入侵者！**

日本的金融機構Ｗｅｂ網站，也陸續受到駭客的侵襲。二〇〇〇年三月二十三日第二地銀的九州銀行，以及三月二十五日神戶信用金庫的首頁，被非法入侵者竄改了訊息。九州銀行的Ｗｅｂ網站只提供商品資訊和分行住址一覽表，並沒有網站導覽。而神戶信用金庫的Ｗｅｂ網站則提供網站導覽服務，但是，只能改寫Ｗｅｂ網站，卻無法改寫顧客資訊或戶頭資訊。

既然是以信用當成賣點的金融機構，實際上沒什麼問題，但是就安全對策而言，所有的金融機構都應該考慮到這一方面。

宣稱保護最完善的美國國防部五角大廈，被非法入侵者侵入的件數達到二十五萬件，其中六五％，也就是十六萬件成功的侵入。柯林頓總統發表「非法入侵電腦部隊」的構想，打算提撥一仟八佰億圓的預算。

而在日本，非法入侵電腦的對策預算大約有三十億圓。危機感的程度完全不同。既然能夠非法侵入電腦，就很可能會進入軍事設施，如果由外部慢慢操作，也許能夠竊取機密情報，無可否認的，當然也可能發展爲國與國之間的軍事行動。

## ◆電腦專家所具有的力量愈來愈強大！

侵入電腦，必須先解開密碼。目前是利用數學整數論或代數等

高等理論建立密碼，一名非法駭客可以撥出所有的時間，利用自己的電腦解開密碼，解開密碼、與對方的電腦連線之前的作業的確很辛苦。這個階段爲了避免被對方發現自己是誰，因此，會先進入別人的電腦，然後從別人的電腦轉而與五角大廈接觸。

既然有進入五角大廈的能力，那麼，要進入他人的伺服器當然是很簡單的事情。

舉個簡單的例子，他人侵入自家的保全系統，自己的生活不知不覺中都被他人調查得一淸二楚。

眞正了解電腦系統的人與不了解電腦系統的人之間，具有決定性的差距。眞正了解的人具有「肉眼看不到的權力」。對於過著普通的生活、但是依賴高度專業科技的現代人而言，電腦專家所具有的潛力量非常強大。

因此，要培養具有高度知識、同時具有高度道德的專家才行。

侵入電腦需要密碼 → 使用整數論或代數等高等理論的密碼

↓

有充分時間的非法駭客，會日夜傾注心力來解開密碼

↓

而且為了避免自己的真正身分被識破，甚至會先侵入他人的電腦，然後再與主要目標接觸！

mathematics

# 4 數學的一天生活

## 我們生活的所有範圍幾乎都會使用數學的理論

### ◆自來水、電、瓦斯……所有的一切都應用數學的理論

據說每個人從早上起床到晚上睡覺，都受到都朋的照顧。都朋是美國著名的化學製品公司。

如果，從早上起床到晚上睡覺都不能用到「數學」，你還活得下去嗎？

不能夠活下去。

早上起床要靠鬧鐘叫醒，石英鐘使用的是水晶發信的理論（如果說這是數學，也許懂物理的人會生氣）。用自來水洗臉時，打開水龍頭，水立刻流出來，計算水量就會用到數學。自來水要進行消毒，但又不能變得太難喝，因此決定消毒藥的量也需要應用數學的**極值問題**。此外，要使得自來水的壓力穩定，也必須應用數學加以計算。

打開電器，也需要數學才能夠穩定供給電。必須做到即使打雷或暫時停電也能立刻復電，亦即**最適當控制**的範圍。打開電視看新聞，能看到電視螢幕，不光是物理的理論，要建立穩定的畫像，需

**極值問題**

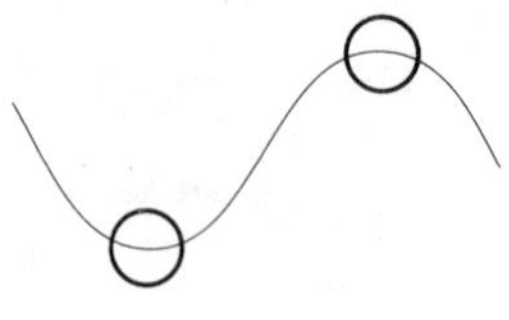

簡單的說，就是求圖畫○的地方。

要數學的偏微分方程式。而衛星傳送時，爲了不讓畫像紊亂並且驅除雜音，也需要數學。

### ◆汽車、通勤電車、行動電話、工廠的品質管理……

能夠吃一頓熱騰騰早飯的人，真的是很幸福。而能夠穩定供給瓦斯做早餐，沒有數學是辦不到的。慌慌張張的吃完飯，弄髒了衣服，洗衣機是利用微電腦理論自動控制的，幾分鐘之內就能洗好衣服了。

搭車上班、坐巴士上班，現在的汽車幾乎都是用電腦控制。提到控制這個字眼，大家一定會想到這是數學的一部分。希望自動控制學會的人不要生氣，但這的確是使用到數學。在寒冷或酷熱的早上，會使用空調，這也是**微電腦理論**和**最適當控制**的共同作業。在車上也是同樣的，必須利用感應器控制交通信號以掌握交通量。

尖峰時刻搭乘電車上班，來自遠處的新幹線通勤集中控制也是數學的恩賜。要安全運行，集中控制室是不可或缺的。人上下車時，門不可以關閉，而挾到東西時不能發信，這都是數學理論的應用。很多人認爲都是物理的原理，不過表現的方法卻是數學。

因爲忙碌而使用行動電話，行動電話裡面有晶片，由總局進行控制。現在每個職場都會使用個人電腦，像集中記憶裝置、程式的概念，也都是數學的重要範圍。這個問題只要照這個方式，就可以

**★微電腦理論**

藉著使集合的境界含混不清，而擴大能夠用數學處理的範圍的理論。

在有限時間內解答出來，這也包括在數學基礎論裡面。不讓情報被取走的密碼理論，也是數學的範圍。

工廠要進行品管控制，事先要想好什麼樣的物品要製作多少，爲了管理品質，必須應用統計的理論。整理資料時，有的公司在計算方面會採用外包的方式，利用數值解析締造更高的業績。

### ◆養殖鰤魚和運送酒，也需要數學！

不光是工作。到餐廳喝一杯、吃一條養殖的鰤魚。基本上，養殖鰤魚一定要好好的管理，保持穩定的溫度，同時殺菌的抗生素量也必須利用數學計算出來。提到酒，要製造出好酒，也必須利用機械加以控制。

運送昂貴的酒時，必須控制溫度。此外，回到家想要舒舒服服泡個澡，也必須利用電腦自動控制洗澡水的溫度。洗完澡打開冰箱，冰箱也是利用微電腦進行最適當控制。喝一杯發泡酒，製造發泡酒的工廠也使用數學。白天穿的衣服和睡衣都是化學纖維製品，而製造纖維的噴嘴大小以及液體的溫度，全都必須利用數學加以控制。

終於到了休息時間，爲了好好睡個覺，所以開啓保全系統，這也是利用電腦控制進行集中管理。辛苦了，這一天——。

隨便想一想，就會發現「數學」就在我們身邊。

## M 生活幾乎都會利用到數學！

mathematics 5

# 高斯的憂鬱

連中學生都知道的高斯，他的煩惱是什麼呢？

## ◆看似簡單的事情，但卻是高斯的煩惱

**伽利略**認爲科學是正確的，並且拼命擁護這個真理，哥白尼也是拼命擁護這個真理，但是，他們並沒有被殺。然而**丘爾達諾·布爾諾**光是說出認爲科學是正確的，就被處以火刑。

★哥白尼
↓參照一九二頁。

在**高斯**出生的時代已經沒有火刑，但是，如果違反當時學問的潮流，就會從學會中消失。

高斯是嚴以律己的人，並且非常驕傲，即使已經完成證明，也不會直接發表結果。會反覆推敲，經常想到要以完美的形態發表出來。

那麼，他的憂鬱是什麼呢？

「三角形的內角和真的是一八〇度嗎？」

也許有人認爲這算是什麼煩惱？

也有很多人認爲，本來就是一八〇度嘛。每當我提到這個話題時，朝永信一郎先生就會說：

「將這個世界看成是三次元的世界，並不是理所當然的事情。」

三角形的內角和，並非理所當然的就是一八○度。

請看以下的證明。三角形的內角和爲一八○度，是使用平行線的性質、錯角相等的概念。歐幾里得想要證明卻無法證明，他所依賴的是「只能畫一條平行線」。如果平行線不止一條，則三角形的內角和就不是一八○度。

高斯的煩惱在於這個平行線真的只有一條嗎？他無法保證實際上能夠畫幾條平行線。本質到底是什麼呢？

高斯是一個要求完美的人，沒有出現結論就不會發表。而且在數學家和物理學家都相信是一八○度的時代，說出不同的觀點，當然是不被容許的。

不過，在高斯之前，一位叫做**沙奇里**的祭司就對平行線提出看法。他認爲這麼說應該沒問題，他認爲這並不違反基督教的教義。在那個時代，有這種想法的，全都是有錢有閒的貴族或祭司。沙奇里在義大利的帕得爾大學擔任數學教授。

除了高斯以外，還有人懷疑平行線的公理。高斯並不是普通的數學家，還是測量論專家。據說，他曾經到阿爾卑斯山去實際測量

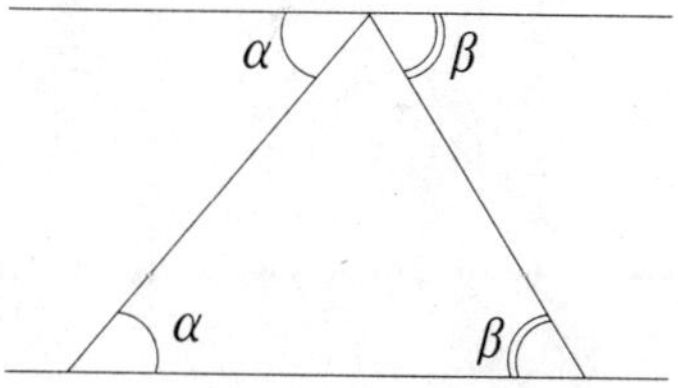

三點，不論測量幾次，都在計器誤差的範圍內。即使使用現在的技術，利用天體來進行三點測量，也無法引導出這個世界到底有幾條平行線的結論來。

科幻小說中，有一直衝向宇宙會回到原點的說法，而這個世界也是「不單只有一條平行線的世界」。

俄羅斯的羅巴切夫斯基，研究世界能夠畫出幾條平行線的幾何，稱爲**羅巴切夫斯基幾何**，而高斯的弟子黎曼，則是研究世界沒有平行線的幾何，稱爲**黎曼幾何**。

目前還有其他的幾何，都沒有矛盾，都可以當成一種理論而加以應用。所以，高斯不必擔心何者是正確的，因爲不論是哪一個都是正確的。

只要是正確的數學，就沒有矛盾，更可以構成理論。即使這個世界沒有按照歐幾里得的幾何，但也非常接近**歐幾里得的幾何**。只要有這樣的概念就足以生活了。

數學是正確的，我們居住的世界，到底應該按照何種幾何，那是另外一個問題。因爲不論是哪種幾何，都有其意義存在。

★**黎曼**
↓參照一三六頁。

★**歐幾里得**
↓參照二二八頁。

能夠畫出數條平行線的世界 → 羅巴切夫斯基幾何

沒有平行線的世界 → 黎曼幾何

↓

**兩者雖然矛盾，但以數學觀點來看都是正確的。**

↓

**只要是正確的數學，就可以構成理論。**

↓

**因此，數學是正確的和現實的世界，是截然不同的問題。**

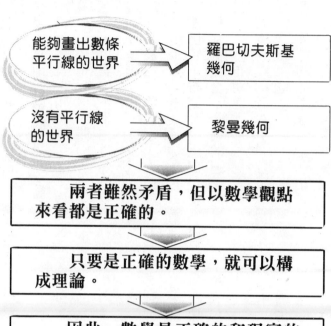

mathematics 6

# 呈現布朗運動的社會

愈是具有不規則波動的東西，愈難用數學論證

## ◆表現不規則運動的布朗運動

最近經常使用機率用語。像「**套頭交易基金**」等金融商品，已經隨著自由化的波濤而出現了。當然這些金融商品都有危險的部分。而在機率用語中，不知道各位有沒有聽過布朗運動。科學的世界則是以white noise稱呼，是著名的現象。

在培養皿中放入水，上面鋪上如花粉那樣輕的東西，什麼也沒做，但是它卻會動，會不斷的振動——在一百年前，由英國的植物學家**洛巴特・布朗**發現這個現象，因此稱爲布朗運動。

這是個完全不規則的運動。水的分子藉著花粉而不斷的振動，形成完全的布朗運動。

培養皿中的花粉，有的地方密度比較高，有的地方密度比較低，位置會改變。也就是分子任意的運動，形成了花粉塊。但是，當時還沒有想到表現這個現象的方法。

雖然已經有了**牛頓力學**，但是，在完全決定論的世界中，就不

★套頭交易基金

為了保證股票交易等的危險性而使用的基金。包括股價商品與通貨商品等。

★洛巴特・布朗

（一七七三～一八五八年）英國的植物學家。發現了稱為布朗運動的微粒子運動。

## 數學中所說的布朗運動

**英國的植物學家洛巴特・布朗所發現的布朗運動**

↓

**完全不規則的隨機運動**

↓

**開發出將機率的要素納入微分方程式中的新範圍**

↓

**機率微分方程式**

不光是對於化學，布朗運動對於數學也很重要喔！

能使用布朗運動這種需要機率要素的法則。在牛頓的世界，從最初所給予的狀態直到最後，完全可以藉著微分方程式加以記述，並沒有不確定的要素。從何處加諸力量，最初朝哪個方向移動等，給予所有的訊息而建立微分方程式。

但如果是布朗運動，則無法確定接下來的瞬間到底會從何處加諸力量。

## ◆微分方程式的基本想法

在此，我們來說明一下微分方程式的基本想法。

微分方程式，就是物體在很少的時間 Δt內，到底會出現多少程度的位置變化，藉此預測物體的位置。舉個簡單的例子，物體以一定的速度 vm/sec 奔馳，Δt秒之後前進了vΔt。這個 Δt秒之間的動作全都加起來，就可以算出物體 t 秒後的位置。

如果是更複雜的運動，則隨著場所和時間的變化，速度 v 也會產生變化，所以，Δt的動作全都加起來計算當然很困難。能夠使其全加起來的方法就是積分。

像布朗運動這種現象，考慮 Δt之間的移動時，分子具有不知道會朝何處移動的要素（不確定要素），因此要將這個要素列入考慮，也就是要有機率的想法。先前所說的速度v，其位置是需要用機率來移動的量。例如是z這個量，則z的微小時間Δt移動的量爲Δz，以

$$\Delta z=\varepsilon\sqrt{\Delta}$$

來表示。這裡的ε是標準正態分布，也就是按照平均爲0、分散爲1的正態分布的浮動機率的量。這樣的z就稱爲威納過程。

## ◆含有不確定要素的機率微分方程式

將不確定要素納入考慮中，形成了新的微分方程式的範圍，這就是機率微分方程式，是由京都大學教授伊藤清完成的。

這個機率微分方程式和牛頓微分方程式不同，能夠以搖晃的現象加以表現。例如太陽黑子活動旺盛時，通信就會出現很多雜音。生物團體的個體數，也會受到氣象條件等不確定要素的影響。

牛頓的決定論無法表現這種現象。股票也是受到不確定要素影響的典型量。

伊藤教授並不是爲了預測股價而製作機率微分方程式，但是，這個新的機率微分方程式，的確適合用來預測股價。因此伊藤教授成爲華爾街最有名的日本人。

前面談及的**布拉克．修爾茲**，發展伊藤清教授的理論，寫下論文。簡單說明一下他的理論基礎。股價基本上有兩個要素。一個就是目前的股價如何波動，是上漲還是下跌，這在**金融衍生商品**的世界稱爲**漂移率（DRIFT率）**。就將其當成常數暫時不管。另一個要素則是表示股價起伏的量，因爲會波動，所以要考慮機率的要素，以威納過程來表示。

★**金融衍生商品**
股票交易等。

基本的股價模型，也是從微小的時間中決定股價變化開始的。如果股價是p，則微小時間的股價變化Δp，必須使用漂移率$\mu$和股價變化的標準偏差$\sigma$，以

$$\Delta p = \mu S \Delta t + \sigma S \Delta z$$

來表示。這一類的股價模型稱爲幾何布朗運動模型。股價的變化率（收益率）$\Delta p/p$，則是以漂移率$\mu \Delta t$和威納過程$\sigma \Delta z$的和來表示。這個股價的變化率變成平均爲漂移率$\mu \Delta t$、標準偏差$\sigma\sqrt{\Delta t}$的正態分布。

## ◆可以用金融工學來預測股價的變化嗎?

在別項已經談及過，股價變化的標準偏差，屬於未來的股價，要加以預測實在非常困難。變化的起伏，是以正態分布爲大前提。

這些假設是否真的符合現實呢？以修爾茲爲主的投資公司，漏出了破綻，說明了即使不斷的改良，這些基礎還是相當薄弱。完全不了解金融工學模型基本理論的人，一旦想要使用這種理論，恐怕會遇到困難。

現在的金融商品，大多是以數學的模型產生波動，許多不合實際的模型都會漏出破綻。如果一次出現很多破綻，會變成何種情況呢？

大量投入金融商品的資金，一下子就消失的無影無蹤了。就像股價暴跌一樣，會造成極大的經濟損失。

這種我們不希望發生的現象，稱爲金融氫彈。

現在有很多金融工學的解說書，高中所學習的微積分似乎已經不夠用了。金融工學所使用的理論，是機率論、微分方程式等最尖端的數學，光是說說就想了解，那是不可能的。

mathematics 7

# 牛頓與機率

## 「混沌」神奇現象的存在

### ◆羅倫斯的天氣預報

野茂英雄選手用指叉球三振了對方打者——喜歡棒球的人高興的不得了。但是指叉球投歪了，偶爾也會變成壞球。在好球和壞球差距很小的時候，稍微投偏了可能就會造成危機。

反過來想，就算稍微投偏了，只要捕手也稍微移動一下接球的位置，還是可以接到球。亦即雖然與最初的數值有些偏差，但是按照**牛頓的法則**，結果並不會造成很大的差距——**愛德華．羅倫斯**也相信如此。

想要研究數學的愛德華．羅倫斯是個有才能的人。但是，他的人生卻遇到了第二次世界大戰的惡作劇，因此，讓人類得到了一個非常棒的研究範圍。

羅倫斯想要研究數學，但是，在第二次世界大戰時，卻負責進行陸軍航空部隊的氣象預報，戰後也沒有研究數學，而是持續研究氣象預測。

★**牛頓**

↓參照四十六頁。

氣象預報最重要的是要能夠正確的記述大氣循環

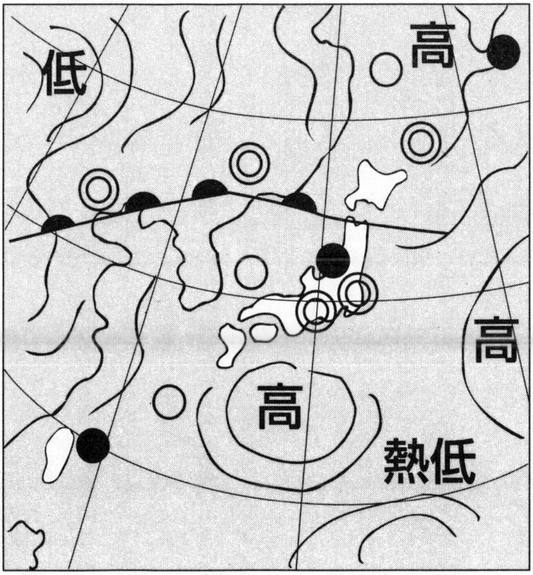


數學家製作出微分方程式等理論的模型，然後用電腦計算、解析

一九六〇年，他利用十二條微分方程式表現小的氣象模型（大氣循環模型）。這個方程式利用真空管製成的電腦計算出來，然後讀取出現的數字以判斷風向或氣壓等。

這個氣象模型，不像現在我們在電視上看到的**自動氣象數據獲取系統**（AMEDAS）等畫面，只不過是單純計算出來的數字而已，但是，卻深受麻省理工學院同學們的歡迎。

這個小型的氣象預測，看起來好像是反覆的氣象，但並不完全是相同的反覆。因此，有的人甚至打賭，想要猜猜羅倫斯下一次預報天氣的情況。

## ◆氣象預測遇到大氣循環的問題

氣象預測，最重要的不是東京的平均氣溫幾度，平均降雨量多少，而是如何才能夠盡量接近實際的情況來敘述大氣的循環。

羅倫斯所製作的小型大氣循環模型，雖然還不能完全敘述地球的大氣循環，但也是向前邁進了一大步。

最初想到利用電腦來解析大氣循環模型的，就是本書中登場好幾次的**方諾曼**。他開始設計電腦時，不光是用來預測氣象或大氣循環，甚至想要控制氣象，希望能夠使用這種神的機械。當時的氣象

**★自動氣象數據獲取系統（AMEDAS）**

日本全國各地地區氣象觀測系統Automated Meteorological Data Acquisition System的簡稱。將從全國各地的自動氣象觀測所搜集來的資料，加以配信的中央中心構成的。

**★方諾曼**

↓參照一二九頁。

學家對於天氣預報不感興趣，感興趣的只是大氣循環，並且非常懷疑電腦。堪稱計算機改良型的機械到底能夠做些什麼呢？沒有一個氣象學家可以回答這一點。

### ◆光靠人類的觀測誤差，根本無計可施

牛頓的力學記述地球和火星的運行，能夠預測數十年後的天體位置，而方諾曼的天才才能，如果能建立氣象條件的流體方程式，則一定能夠做出正確的預測。

方諾曼對於大氣循環的突然變化，例如，在山頂上擺顆球，只要輕輕一推就會掉落下來的變化一樣，看似穩定，但事實上卻是大氣循環不穩定之處，利用這一點，就可能做出氣象控制，預測是否會立刻下雨。不過氣象觀測資料基本上並不是正確的。

就算有些許的差距，解析模型時所產生的差距，也沒什麼不得了，這也是他的想法之一。像野茂英雄的手稍微滑了一下，只要捕手能接到球就沒問題了——。

一九六一年冬天的某一天，羅倫斯像平常一樣使用電腦計算，想要詳細調查某個部分的資料，於是重新進行計算。但是，要從頭開始計算太花費時間，因此，他將到中途爲止計算出來的結果輸入

電腦，然後從這一點往前重新計算。

計算結果應該和上一次的計算一樣，但是，結果卻出乎他的意料之外，與先前的完全不同。

羅倫斯仔細調查資料，察覺到從中途輸入的資料和實際上擺在電腦裡的資料有些不同。計算出來的數字是〇．五〇六，因此，羅倫斯將這個數字輸入資料中，但在電腦記憶體裡面，實際的數字卻是〇．五〇六一二七。電腦使用這個數字進行先前的計算，而羅倫斯之前則是用差距〇．〇〇〇一二七的〇．五〇六來計算。結果這個〇．〇〇〇一二七的差距，在電腦上產生了完全不同的天候。

羅倫斯將這個以往自己從未認識、一向忽略的本質部分，從自己所使用的氣象模型的十二條微分方程式中抽出，初值只有些許的差距，但是，卻會出現結果完全不同的現象，利用三條微分方程式製作出來。

由這個方程式所製作的解軌道，現在稱爲「**羅倫斯軌道**」。初值的過敏性使得結果產生差距，和以往用牛頓力學所表現的移動完全不同，因此，視爲是一種新的現象。只要決定初值，那麼利用牛頓力學應該就可以決定未來。

## 最初的數字只有些許的差距，但是……

羅倫斯輸入的資料 → 0.506

電腦中本來有的資料 → 0.506127

↓

僅僅差距 0.000127!!

↓

這個差距卻預測出完全不同的天候

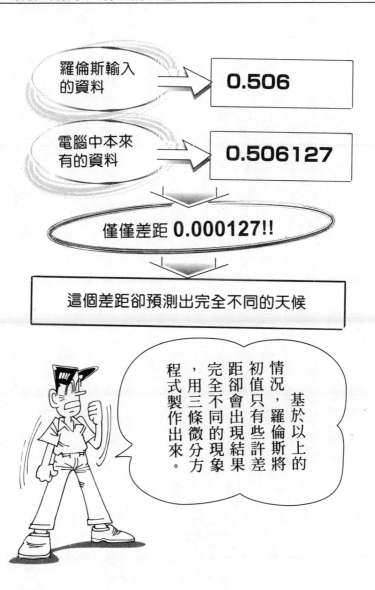

但是，人類的觀測一定會包含誤差，這些些許的差距會出現截然不同的結果。而且這個現象，是以決定論世界的微分方程式來表現，所以，最初的狀態就已經決定了結果，但是，卻又因爲最初的誤差而無法預測結果。因此，從根底推翻了牛頓力學的決定論以及機率的概念。

此外，只要稍微搖晃就會引起狂風暴雨，這個比喻稱爲「**蝴蝶效果**」。

## ◆可以正確處理「混沌（khaos）」現象到何種程度？

方諾曼認爲用來控制氣象的不穩定平衡點比比皆是，但問題是根本就不能控制氣象。

像方諾曼這樣的天才，也有失敗的時候。

記述這現象的方程式，特徵中有非線性項，是無法用比例關係表現的部分。用比例關係支配方程式時（這個方程式稱爲線性），線性加上二倍的變化就會出現二倍的結果。但是非線性，例如$X^2$、$X^3$等，二倍的變化會出現四倍、八倍的變化。例如要製作二倍大的汽車時，整體要變形爲相似形，而長變成$\sqrt{2}$倍時，汽車還是無法開動。此外，像大砲的大小從二公分變成四公分時，其力量不應該

★混沌　數學所使用的「混沌」這個字，並不是混沌或無秩序的意思。

用二倍，而是要用八倍來計算。這些都是非線性的關係。

因爲是非線性，所以不見得隨時都會對初值過敏，但也只有非線性才會對初值出現過敏性。這個現象現在稱爲「混沌」。所以，實際上不可能正確求得初值。

如果人類能正確處理引起「混沌」的現象，就能建立更豐饒的社會。

### ◆想要有控制的念頭，這本身就是很勉強的想法嗎？

現在的超級電腦可以捕捉許多詳細的現象，因此，可以應用在解析海難事故或經濟問題上。

「混沌」是不可思議的現象，但還是需要自然的穩定。與其完全重複相同的事情，還不如重複稍微有點差距的事情，才能夠得到穩定。看似週期性發生的事情，但實際上卻是會產生些許差距的天氣轉變。

同樣的道理，細部完全不同的植物也是如此。這個非線性現象是自然界多樣性的一大要素。如果沒有非線性現象，則我們就看不到千變萬化的景色，也無法看到複雜的地形。

單純的反覆逐漸形成複雜的東西，這種構造就存在於「混沌」當中。所以想要加以控制的想法，本身就不是正確的想法。

mathematics

# 8 神真的喜歡單純嗎？

## 複雜的形狀也是單純畫像的反覆而製造出來的

### ◆自然所製造出來的複雜構造

經常聽人說「本質存在於單純中」。

另一方面，我們卻會被自然所製造出來的複雜吸引。例如風、水、冰所製造出來的風景中，就有非常複雜的東西。不光是形狀複雜。突然出現大量的昆蟲，或是一些不可能預測的複雜構造，都存在於自然中。

但是，隨著電腦的發達，可以進行各種精密的計算，看似複雜的現象，其根本的部分卻具有單純的構造。

從數學或物理的觀點來看自然，神似乎並沒有把這個世界創造的這麼單純。不過，反覆簡單的事物，卻又會形成複雜的構造。

我們所說的「**混沌**」或是**自似**（**結晶構造**），都是從單純中產生的複雜。利用同樣的函數，或只是順序的反覆，就能製造出出乎意料之外的東西。

## ◆以數學來考慮麵包的構造

現在麵包的種類有很多。例如，以前的帶餡麵包或是現在像派一樣的糕點。千層派中有好幾層薄膜構造，這個看似複雜的構造是如何完成的呢？當然每個麵包店都有其秘傳的手法。以數學的觀點來看派的作法，事實上相當單純。就是在麵團中夾上奶油，拉長再對摺，然後再拉長、對摺，反覆這麼做。

用數學來表現這樣的手法，可寫成以下的函數。

$$f(x)=2x\ ,\ 0\leqq x\leqq \frac{1}{2},\ f(x)=2(1-x)\ ,\ \frac{1}{2}<x\leqq 1$$

這個函數，是從〇到〇・五爲止區間的〇・五的長度增加爲二倍，移到從〇到一爲止的區間，長度變成一。從〇・五到一爲止的區間，也是增加二倍，再移到從一到二的區間，長度又變成一。反覆這個一到二的區間，〇到一的區間重疊。因此〇到一形成雙層的麵團，反覆這麼做，就可以累積好幾層麵團。

奶油和麵團、奶油、麵團，形成好幾層。烤過之後奶油融化，只剩下累積的麵團。這個函數畫成圖表時，變成像帳棚一樣的圖，因此，也稱爲**帳棚圖形**。

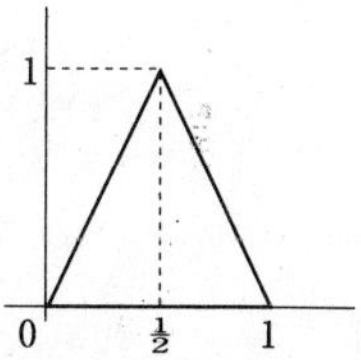


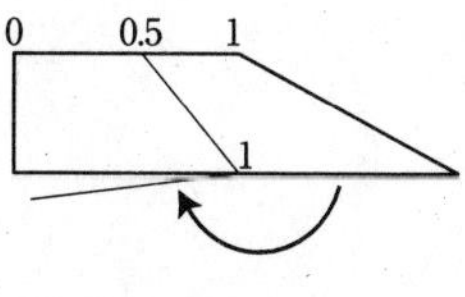

這個變換不光是累積好幾層而已。這麼簡單的圖形卻有複雜的數列。

x(n+1)=f(x(n))

以這個數列來計算，就會出現如表所示的數列。

| | |
|---|---|
| 0.123001 | 0.123 |
| 0.246002 | 0.246 |
| 0.492004 | 0.492 |
| 0.984008 | 0.984 |
| 0.031984 | 0.032 |
| 0.063968 | 0.064 |
| 0.127936 | 0.128 |
| 0.255872 | 0.256 |
| 0.511744 | 0.512 |
| 0.976512 | 0.976 |
| 0.046976 | 0.048 |
| 0.093952 | 0.096 |
| 0.187904 | 0.912 |
| 0.375808 | 0.384 |
| 0.751616 | 0.768 |
| 0.496768 | 0.464 |
| 0.993536 | 0.928 |
| 0.012928 | 0.144 |
| 0.025856 | 0.288 |
| 0.051712 | 0.576 |
| 0.103424 | 0.848 |
| 0.206848 | 0.304 |
| 0.413696 | 0.608 |
| 0.827392 | 0.784 |
| 0.345216 | 0.432 |
| 0.690432 | 0.864 |
| 0.619136 | 0.272 |
| 0.761728 | 0.544 |
| 0.476544 | 0.912 |
| 0.953088 | 0.176 |

只是將初值x(1)稍微改變一下，卻出現截然不同的數列。按照平常的方式來考慮，這麼簡單的函數所製造出來的數列，即使一開始有些差距，也應該不會造成很大的差距。

然而事實上卻不是如此，只不過是最初些許的差距，卻造成截然不同的情況。數學上將這個現象稱爲「混沌」。些許的差距卻造成完全不同的情況，最初很類似，但是反覆作業之後，卻出現截然不同的結果。

★混沌

↓參照二七五頁。

如果這個帳棚圖形的高度較低，就不會出現這種情況。帳棚圖形的高度，是指圖表中三角形的山只能延伸到一爲止，停止在½稍上方。因此，數列聚集在原先已經決定好的數值旁邊，無法巧妙的混合在一起。所以，麵包店的師傅知道應該如何拉長麵團。

麵包店的師傅在揉麵包的時候發現了這個現象，認爲這是一種自然現象。

想要以數列來思考某個地區每年得痲疹的孩子數，在建立x(n)時，雖然x(n)與x(n+1)和帳棚圖形不同，但是卻有產生「混沌」的函數關係。這兒的「混沌」（離散的「混沌」）現象，最初是由數理動物學家R．May和牛津大學教授，以關於昆蟲個體數的論文發表在 Nature 雜誌上的內容。反覆使用的函數不同，但是，幾次使用單純的函數，卻出現了和帳棚圖形所建立的數列相同的結果。帳棚圖形只形成了二次函數。連續型的「混沌」是羅倫斯從氣象模型發現的。關於他的事情請參照前項「牛頓與機率」。

先前所說的是先拉長再折返回來，也就是先擴大，再回到同一處。而現在所說的則是縮小，反覆做同樣的動作。

## ◆何謂「自似」？

數學有自似的說法。例如，看到植物的葉脈，或看整體，或是將某個部分放大來看，感覺就像在看同樣的東西。在自身裡面所形成的反覆，就稱爲自似。

葉脈密集的程度如何？可以數學方式加以比較。如此一來，就可以了解自似圖形的密度。這個數字稱爲「**次元**」。

舉個簡單的例子來說明。某個線段成三等分之後，這個相似比r爲$r=1/3$。如果分成N等分，這個相似比就變成$r=1/N$。

平面中的長方形分割爲N個，則相似比就是$r=\sqrt{1/h}$。如果邊長不能拉長二倍，則面積也無法成爲二倍。立體分割爲N個，相似比就變成$r=(1/n)^{\frac{1}{3}}$。次元提升變成D次元，則相似比就變成$r=(1/n)^{\frac{1}{D}}$，求D時要使用對數，變成了$D=\log N/\log(1/r)$，到了這個地步，如果不是自似的東西，就無法測量次元。

像河川的流動或毛細血管、葉脈等，看似自似，但是嚴格說起來，並不是完全相似，所以無法直接測量次元。

對於脫離自似的圖形，以前的人在一九一九年製作出能夠測量次元的方法，稱爲哈斯德爾夫次元。以D值的擴張來考慮（因爲求

**★次元**

結晶所使用的次元，是將「平面為二次元」時的次元擴張的概念。

得的過程太過於專門，所以不在此說明），嚴格說起來，這個稱爲**哈斯德爾夫次元**的次元稍有不同，是目前必須探討的次元。數學上將其稱爲**結晶次元**。

在二次元平面中，普通線段的次元爲一次元。像複雜的曲線、葉脈等，則是比一次元稍高的次元。就像是有東西覆蓋平面似的。結晶次元的這種感覺可以用數值來表示，比葉脈稍微稀疏一點，可以簡單的圖形來考慮。

## ◆利用三結晶製作複雜的圖案

提到**三結晶**，只是簡單的反覆相似變換就可以製造出複雜的圖案。在這個三結晶當中，順序非常簡單，請看Caley tree的作法。製作順序如下。

①小枝與原先枝長的比r，在所有分枝的點維持一定。

②分枝一定會分成二個，而形成的角固定爲a。

反覆這個規則，就會形成如二八三頁圖所示的葉脈，或像樹、像花椰菜一樣的圖。事實上，生物學家使用三結晶來調查樹的分枝構造。結晶集合的專家**孟代爾布洛**就曾說：

「像花椰菜和白花椰菜的不同，就在於這個結晶次元。」

這兒所說的三結晶例子，就是用非常簡單的順序形成複雜自然的最好例子。當然，實際的分枝構造不見得與此完全相同，不過卻可以看到大致的特徵。

## ◆只要研究結晶，就能使毛細血管再生嗎？

自然界看似複雜的形狀，事實上只要利用單純圖形的反覆就可以實現。雖然不是完全相同的東西，但是，研究結晶非常有價值。研究結晶就算不是完全相同，但也許能夠使得毛細血管再生。即使太過於複雜而無法製造出相同的東西，但也許能使其具有相同的機能。

**愛因斯坦**在建立**量子力學**時曾說：「神不會和我們賭博。」而研究「混沌」的**夫德**也說：「神似乎和我們在玩擲骰子的遊戲，但那是一種訓練。」

解讀成是一種訓練，讓我們覺得好像是一種企圖，但卻是人類可以使用的技術，亦即現代科學。

非常複雜的東西，也有其規則性，如果能多發現一些這種規則性，我們就更能夠融入自然之中，過著毫不勉強的美好生活了。

★**量子力學**
研究在原子核這種微小處會發生什麼情況的學問。

## M 由單純的圖形構成複雜的圖形

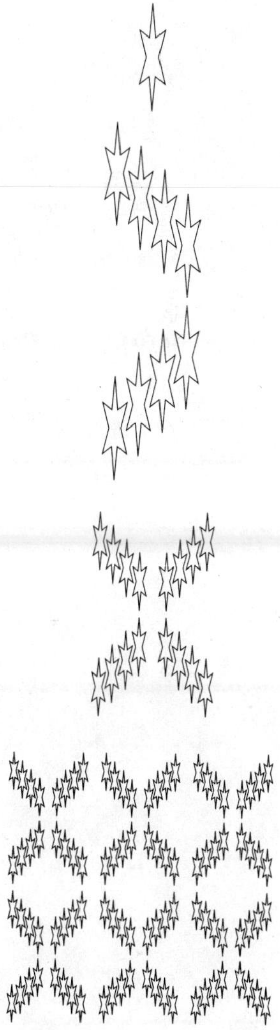

【作者介紹】

柳谷　晃

1953年出生於日本東京。1975年畢業於早稻田大學理工學部數學科，後來研修早稻田大學研究院理工學研究科博士課程。現任早稻田大學高等學院數學教師，兼任早稻田理工學部講師、早稻田大學複雜系高等學術研究所研究員。

專攻微分方程式及其應用的學問。教導小學生到補習班學數學。非常喜愛數學，會進出於城鎮工廠的品質管理或電力公司、證券公司等使用數學的地方。

# 大展出版社有限公司
# 品冠文化出版社

## 圖書目錄

地址：台北市北投區（石牌）
致遠一路二段12巷1號
電話：(02)28236031
28236033
28233123
郵撥：01669551<大展>
19346241<品冠>
傳真：(02)28272069


## ·少年偵探·品冠編號 66

| | | | | |
|---|---|---|---|---|
| 1. | 怪盜二十面相 | （精） | 江戶川亂步著 | 特價 189 元 |
| 2. | 少年偵探團 | （精） | 江戶川亂步著 | 特價 189 元 |
| 3. | 妖怪博士 | （精） | 江戶川亂步著 | 特價 189 元 |
| 4. | 大金塊 | （精） | 江戶川亂步著 | 特價 230 元 |
| 5. | 青銅魔人 | （精） | 江戶川亂步著 | 特價 230 元 |
| 6. | 地底魔術王 | （精） | 江戶川亂步著 | 特價 230 元 |
| 7. | 透明怪人 | （精） | 江戶川亂步著 | 特價 230 元 |
| 8. | 怪人四十面相 | （精） | 江戶川亂步著 | 特價 230 元 |
| 9. | 宇宙怪人 | （精） | 江戶川亂步著 | 特價 230 元 |
| 10. | 恐怖的鐵塔王國 | （精） | 江戶川亂步著 | 特價 230 元 |
| 11. | 灰色巨人 | （精） | 江戶川亂步著 | 特價 230 元 |
| 12. | 海底魔術師 | （精） | 江戶川亂步著 | 特價 230 元 |
| 13. | 黃金豹 | （精） | 江戶川亂步著 | 特價 230 元 |
| 14. | 魔法博士 | （精） | 江戶川亂步著 | 特價 230 元 |
| 15. | 馬戲怪人 | （精） | 江戶川亂步著 | 特價 230 元 |
| 16. | 魔人銅鑼 | （精） | 江戶川亂步著 | 特價 230 元 |
| 17. | 魔法人偶 | （精） | 江戶川亂步著 | 特價 230 元 |
| 18. | 奇面城的秘密 | （精） | 江戶川亂步著 | 特價 230 元 |
| 19. | 夜光人 | （精） | 江戶川亂步著 | 特價 230 元 |
| 20. | 塔上的魔術師 | （精） | 江戶川亂步著 | 特價 230 元 |
| 21. | 鐵人Q | （精） | 江戶川亂步著 | 特價 230 元 |
| 22. | 假面恐怖王 | （精） | 江戶川亂步著 | 特價 230 元 |
| 23. | 電人M | （精） | 江戶川亂步著 | 特價 230 元 |
| 24. | 二十面相的詛咒 | （精） | 江戶川亂步著 | 特價 230 元 |
| 25. | 飛天二十面相 | （精） | 江戶川亂步著 | 特價 230 元 |
| 26. | 黃金怪獸 | （精） | 江戶川亂步著 | 特價 230 元 |

## ·生活廣場·品冠編號 61

| | | | |
|---|---|---|---|
| 1. | 366 天誕生星 | 李芳黛譯 | 280 元 |
| 2. | 366 天誕生花與誕生石 | 李芳黛譯 | 280 元 |
| 3. | 科學命相 | 淺野八郎著 | 220 元 |

| | | | |
|---|---|---|---|
| 4. | 已知的他界科學 | 陳蒼杰譯 | 220元 |
| 5. | 開拓未來的他界科學 | 陳蒼杰譯 | 220元 |
| 6. | 世紀末變態心理犯罪檔案 | 沈永嘉譯 | 240元 |
| 7. | 366天開運年鑑 | 林廷宇編著 | 230元 |
| 8. | 色彩學與你 | 野村順一著 | 230元 |
| 9. | 科學手相 | 淺野八郎著 | 230元 |
| 10. | 你也能成為戀愛高手 | 柯富陽編著 | 220元 |
| 11. | 血型與十二星座 | 許淑瑛編著 | 230元 |
| 12. | 動物測驗—人性現形 | 淺野八郎著 | 200元 |
| 13. | 愛情、幸福完全自測 | 淺野八郎著 | 200元 |
| 14. | 輕鬆攻佔女性 | 趙奕世編著 | 230元 |
| 15. | 解讀命運密碼 | 郭宗德著 | 200元 |
| 16. | 由客家了解亞洲 | 高木桂藏著 | 220元 |

## ・女醫師系列・品冠編號 62

| | | | |
|---|---|---|---|
| 1. | 子宮內膜症 | 國府田清子著 | 200元 |
| 2. | 子宮肌瘤 | 黑島淳子著 | 200元 |
| 3. | 上班女性的壓力症候群 | 池下育子著 | 200元 |
| 4. | 漏尿、尿失禁 | 中田真木著 | 200元 |
| 5. | 高齡生產 | 大鷹美子著 | 200元 |
| 6. | 子宮癌 | 上坊敏子著 | 200元 |
| 7. | 避孕 | 早乙女智子著 | 200元 |
| 8. | 不孕症 | 中村春根著 | 200元 |
| 9. | 生理痛與生理不順 | 堀口雅子著 | 200元 |
| 10. | 更年期 | 野末悅子著 | 200元 |

## ・傳統民俗療法・品冠編號 63

| | | | |
|---|---|---|---|
| 1. | 神奇刀療法 | 潘文雄著 | 200元 |
| 2. | 神奇拍打療法 | 安在峰著 | 200元 |
| 3. | 神奇拔罐療法 | 安在峰著 | 200元 |
| 4. | 神奇艾灸療法 | 安在峰著 | 200元 |
| 5. | 神奇貼敷療法 | 安在峰著 | 200元 |
| 6. | 神奇薰洗療法 | 安在峰著 | 200元 |
| 7. | 神奇耳穴療法 | 安在峰著 | 200元 |
| 8. | 神奇指針療法 | 安在峰著 | 200元 |
| 9. | 神奇藥酒療法 | 安在峰著 | 200元 |
| 10. | 神奇藥茶療法 | 安在峰著 | 200元 |
| 11. | 神奇推拿療法 | 張貴荷著 | 200元 |
| 12. | 神奇止痛療法 | 漆 浩 著 | 200元 |

## ・常見病藥膳調養叢書・品冠編號 631

| | | | |
|---|---|---|---|
| 1. | 脂肪肝四季飲食 | 蕭守貴著 | 200 元 |
| 2. | 高血壓四季飲食 | 秦玖剛著 | 200 元 |
| 3. | 慢性腎炎四季飲食 | 魏從強著 | 200 元 |
| 4. | 高脂血症四季飲食 | 薛輝著 | 200 元 |
| 5. | 慢性胃炎四季飲食 | 馬秉祥著 | 200 元 |
| 6. | 糖尿病四季飲食 | 王耀獻著 | 200 元 |
| 7. | 癌症四季飲食 | 李忠著 | 200 元 |

## ・彩色圖解保健・品冠編號 64

| | | | |
|---|---|---|---|
| 1. | 瘦身 | 主婦之友社 | 300 元 |
| 2. | 腰痛 | 主婦之友社 | 300 元 |
| 3. | 肩膀疼痛 | 主婦之友社 | 300 元 |
| 4. | 腰、膝、腳的疼痛 | 主婦之友社 | 300 元 |
| 5. | 壓力、精神疲勞 | 主婦之友社 | 300 元 |
| 6. | 眼睛疲勞、視力減退 | 主婦之友社 | 300 元 |

## ・心 想 事 成・品冠編號 65

| | | | |
|---|---|---|---|
| 1. | 魔法愛情點心 | 結城莫拉著 | 120 元 |
| 2. | 可愛手工飾品 | 結城莫拉著 | 120 元 |
| 3. | 可愛打扮 & 髮型 | 結城莫拉著 | 120 元 |
| 4. | 撲克牌算命 | 結城莫拉著 | 120 元 |

## ・熱 門 新 知・品冠編號 67

| | | | | |
|---|---|---|---|---|
| 1. | 圖解基因與 DNA | （精） | 中原英臣 主編 | 230 元 |
| 2. | 圖解人體的神奇 | （精） | 米山公啟 主編 | 230 元 |
| 3. | 圖解腦與心的構造 | （精） | 永田和哉 主編 | 230 元 |
| 4. | 圖解科學的神奇 | （精） | 鳥海光弘 主編 | 230 元 |
| 5. | 圖解數學的神奇 | （精） | 柳 谷 晃 著 | 250 元 |
| 6. | 圖解基因操作 | （精） | 海老原充 主編 | 230 元 |
| 7. | 圖解後基因組 | （精） | 才園哲人 著 | |

## ・法律專欄連載・大展編號 58

台大法學院　法律學系／策劃
法律服務社／編著

| | | |
|---|---|---|
| 1. | 別讓您的權利睡著了(1) | 200 元 |
| 2. | 別讓您的權利睡著了(2) | 200 元 |

## ・武 術 特 輯・大展編號 10

| | | | |
|---|---|---|---|
| 1. | 陳式太極拳入門 | 馮志強編著 | 180 元 |

國家圖書館出版品預行編目資料

圖解數學的神奇／柳谷晃著，李久霖譯
－初版－臺北市，品冠，民92
面；21公分－（現代熱門新知；5）
譯自：数学の不思議
ISBN 957-468-223-4（精裝）
1. 數學－通俗作品
310 92006681


Originally published in Japan in 2000 by KANKI PUBLISHING INC.
Chinese translation rights arranged through TOHAN CORPORATION, TOKYO.,
and Keio Cultural Enterprise Co., Ltd.

版權仲介／京王文化事業有限公司



圖解數學的神奇 ISBN 957-468-223-4

著　　者／柳　谷　晃
譯　　者／李　久　霖
發 行 人／蔡　孟　甫
出 版 者／品冠文化出版社
社　　址／台北市北投區（石牌）致遠一路2段12巷1號
電　　話／(02) 28233123・28236031・28236033
傳　　真／(02) 28272069
郵政劃撥／19346241(品冠)
E-mail／dah_jaan @pchome. com. tw
承 印 者／國順圖書印刷公司
裝　　訂／源太裝訂實業有限公司
排 版 者／千兵企業有限公司
初版1刷／2002年（民91年） 7月

定　價／250元